小學生的百科事典
全彩圖解

力學原來這麼有趣

中小學生自然課先修必備

探索浩瀚宇宙萬物活動的奧祕，解答日常疑惑，
激發學習好奇心的知識讀本！

力の事典 動きのひみつをさぐる

大井喜久夫、大井操、三輪廣明、松浦博和 文 **黑須高嶺** 圖

自然科學資深教師・專業科展指導・《生活裡的科學》及《TRY科學》節目顧問 **施政宏** 專業審訂

陳冠貴 譯

什麼是「力」？

推力、投擲力、舉起物體的力、讓汽車奔馳的力、讓飛機飛行的力……大家都知道生活中存在著各種「力」，卻沒有人看過「力」的實際樣貌。本書幫助我們思考，並逐一列舉出眼睛看不見的「力」、「力」圍繞在我們身邊的各種情境，以及發生作用的「力」。

首先，讓我們來想想「由人類施加的力」。

我們在生活中會施加各種「力」。例如：走路會施力，提重物也會出力。在任何情況下都需要用到「力」。

搬重物時，使用類似手推車的工具就能輕鬆搬運；用手很難打開的瓶蓋，只要使用開瓶器就能輕鬆打開；想拴緊螺絲時需要螺絲起子。也就是說，當我們使用「工具」時，就能施加很大的力。這是為什麼呢？

被打擊出去的棒球會掉在哪裡？游泳時我們為什麼可以漂浮在水上？以自由式或蛙式游泳前進時，什麼樣的「力」在起作用呢？這些疑惑，希望大家可以一起思考看看。

環繞我們的大自然中，空氣裡有風在吹，河川中有水在流，大海裡也有捲起的波浪，這些自然現象背後都有巨大的「力」在起作用。人們知道大自然的力量，並巧妙使用這些力量來打造豐富的生活。

本書提到「重力」、「空氣的浮力」、「水的壓力」等主題，也會探討在距離地球遙遠的浩瀚宇宙中的各種不同的「力」。

　　我們使用各種引擎、馬達組成的機器，來代替人類工作。以燃燒煤炭產生的水蒸氣為動力的蒸汽機、用汽油或天然氣等物質當作燃料的引擎，這些裝置所產出的巨大力量，是人力達不到的。

　　如果用「電」來驅動馬達，無論大小，力量都能產生。

　　火箭飛向太空，飛機在高空飛行，高鐵、汽車，及船舶的行駛，都分別由適合的引擎驅動。我們可以搭高鐵快速到達目的地並悠閒旅行，還能把大量的行李運往世界各地。現在，就讓我們來探討這樣的力量吧！

　　雖然「力」無法「被看見」，但可以「被測量」，而且測量的標準尺度是固定的。在我們每天的生活中，隱藏著各種「力的定律」。

　　善用過去人們絞盡腦汁才發現和開發的定律與技術，不僅可以幫助我們創造更方便、更豐富的生活，也能讓我們妥善利用有限的能源。這是非常重要的事。

　　希望本書能幫助各位讀者學習達成此目標的基礎知識。

本書使用方法

　　本書將生活中的「力」分為五章：「人體運動與力」、「風力、水力」、「搭乘交通工具所受的力」、「燃燒獲得的力」、「電力、磁力」，另外附加兩章，包括與「力」密切相關的「能量」，以及比較使用「力」來運作的交通工具。

　　每個跨頁會說明一個關鍵字，請瀏覽目錄尋找你想了解或查找的關鍵字內容。

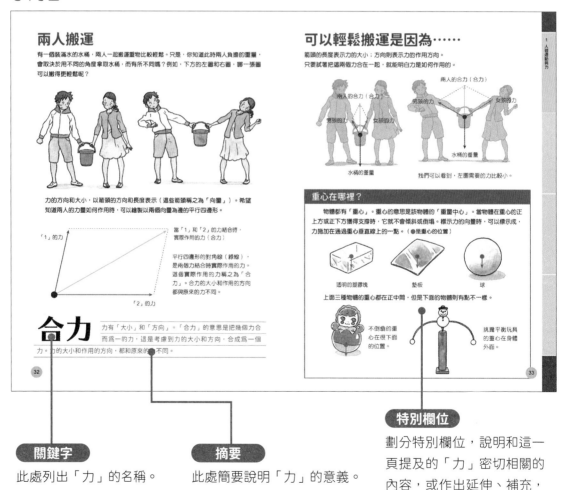

關鍵字
此處列出「力」的名稱。

摘要
此處簡要說明「力」的意義。

特別欄位
劃分特別欄位，說明和這一頁提及的「力」密切相關的內容，或作出延伸、補充，介紹應用及實驗。

書中以黃色邊框圍繞的跨頁內容則為「專欄」，代表從不同的角度，介紹與每章提到的「力」有關的人或事。其中也有一些統整成讀物的形式。

本書使用的箭頭表示「力的大小、種類，以及方向」等。
「力」的箭頭一定是「直線」，但表示「方向」的箭頭有「直線」，也有如同本頁所示，表示「旋轉方向」的「曲線」。

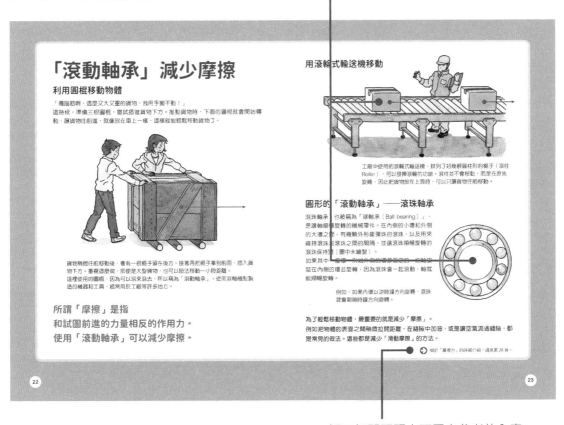

「滾動軸承」減少摩擦

利用圓棍移動物體

「傷腦筋啊，這麼又大又重的貨物，我用手搬不動！」
這時候，準備三根圓棍，嘗試插進貨物下方。推動貨物時，下面的圓棍就會開始轉動，讓貨物往前進，就像放在車上一樣，這樣就能輕鬆移動貨物了。

貨物稍微往前移動後，會有一根棍子留在後方。接著再把棍子拿到前面，插入貨物下方。
重複使用的圓棍，因為可以滾來滾去，所以稱為「滾動軸承」。使用滾軸機製造的機器和工具，經常用於工廠等許多地方。

所謂「摩擦」是指
和試圖前進的力量相反的作用力。
使用「滾動軸承」可以減少摩擦。

用滾輪式輸送機移動

工廠中使用的滾輪式輸送機，排列了好幾根像棍棒形的棍子（滾柱Roller），可以發揮滾軸的功能。滾柱並不會移動，而是在原地旋轉，因此把貨物放在上面時，可以只讓貨物往前移動。

圓形的「滾動軸承」——滾珠軸承

滾珠軸承，也被稱為「球軸承（Ball bearing）」，是讓軸順暢旋轉的機械零件。在內側的小環和外側的大環之間，有幾顆形像彈珠的滾珠，以及用來維持滾珠和滾珠之間的間隔，並讓滾珠順暢旋轉的滾珠保持器（圖中未繪製）。
如果其中一個環，例如外側的環是固定的，從軸安裝在內側的環並旋轉，因為滾珠會一起滾動，軸就能順暢旋轉。

例如，如果內環以逆時針方向旋轉，滾珠就會朝順時針方向旋轉。

為了輕鬆移動物體，最重要的就是減少「摩擦」。
例如把物體的表面之間稍微拉開距離，在縫隙中加油，或是讓空氣流通縫隙，都是常見的做法。這些都是減少「滑動摩擦」的方法。

關於「摩擦力」的詳細介紹，請見第 20 頁。

標示相關頁碼中可同步參考的內容。

目錄

第4章　燃燒獲得的力　100

第5章　電力、磁力　122

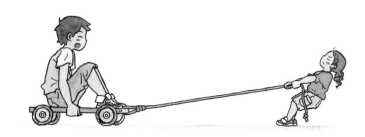

第 1 章

人體運動與力

你覺得人在什麼時候會「施力」呢？當我們要「推」或「拉」靜止的東西使其移動或被舉起的時候，當我們走路、跑步、跳躍，以及開始移動的時候，我們都會施力。雖然「力」是看不見的，但是可以用身體來感受，讓我們先試著透過觀察人體的運動來探索什麼是「力」吧！

「推」或「拉」

移動東西需要力。

和媽媽一起購物，買的東西很少時，不需要花太多力氣拿取，但是如果買了很多東西，搬運就會很費力。

移動重物，
需要更大的力。

即使是以力氣大著稱的相撲力士，試圖移動又大又重的汽車也會很吃力。

試圖拉動東西的時候，也會需要力。

裝上車輪會比較輕鬆一點，但是拉動重的東西還是很費力。

運動定律

要移動靜止的物體，或使移動中的物體動得更快，都需要「力」。物體越重，或要使物體動得越快，需要的「力」就越大。試圖停止正在移動的物體也是一樣。物體會移動和停止，都是因為有「力」發生作用，這稱為「運動定律」。

「停止」的時候也是……

還有，當我們想要停止正在移動的物體時，也會需要力。

在相同物體的情況下，物體移動的速度越快；以及在相同速度的情況下，物體越重，停止物體所需的力就越大。

讓靜止的物體移動，讓移動中的物體停止，都是「力」的作用。

不施力的時候……

靜止的物體永遠保持靜止。　　　移動中的物體，則可能繼續移動。

➜ 詳細說明請參考第 16 頁。

不過……

以上現象其實只發生在「特別的地方」。一般的情況是，移動中的物體會逐漸放慢速度，不久後停止。這是因為有「無形的力量」正在停下物體。

➜ 「無形的力量」真面目，請見第 20 頁。

滑、滑、滑……

試著在平坦的冰面上滑行各種物體吧！如果在一開始（推出去的時候）就對物體施力，即使後續不做其他事，物體也會不斷滑行。那麼，物體會滑到哪裡才停止呢？

不管是水壺還是達摩玩偶，只要在冰面上都會很順暢的滑行，總覺得很不可思議呢！

你知道有一種叫做「冰壺」的運動嗎？這是一項讓沉重的石頭（也稱「石壺」）滑行的運動，哪一方可以讓石壺停在最接近盡頭的目標中心，哪一方就獲勝了。選手會頻繁用刷子刷冰。

冰壺中使用的石頭是由「花崗岩」製成的，重達 19 公斤。

慣性定律

如果不施力，移動的物體將永遠繼續移動；而靜止的物體則永遠保持靜止。這就是「可以的話，真希望能一直維持原樣」的想法吧。這種特性稱為「慣性」，而一直保持靜止或不斷移動的狀態，符合的就是「慣性定律」。

 關於「慣性」，在第 86 ～ 87 頁也有介紹

當一個滑過來的物體撞擊到其他物體時，會產生一個作用在不同方向上的力，這會使得滑過來的物體改變方向繼續滑動，而被撞到的物體也會受到來自撞擊物體的力，因而開始滑動。

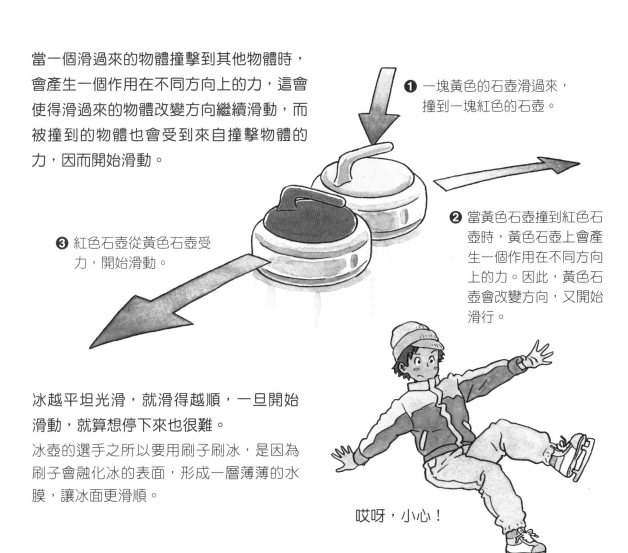

❶ 一塊黃色的石壺滑過來，撞到一塊紅色的石壺。

❷ 當黃色石壺撞到紅色石壺時，黃色石壺上會產生一個作用在不同方向上的力。因此，黃色石壺會改變方向，又開始滑行。

❸ 紅色石壺從黃色石壺受力，開始滑動。

冰越平坦光滑，就滑得越順，一旦開始滑動，就算想停下來也很難。

冰壺的選手之所以要用刷子刷冰，是因為刷子會融化冰的表面，形成一層薄薄的水膜，讓冰面更滑順。

哎呀，小心！

在地面上卻不太會動……

　　石壺在冰面上如此輕易就能滑動，然而試圖在地面上滑動石壺時，它卻幾乎不動。

　　這是因為在石壺和地面之間存在一種作用力，讓物體無法移動。這種力叫做「摩擦力」，會阻止物體滑動。摩擦力在粗糙的表面上作用較大，在光滑的表面作用較小。儘管摩擦力在冰面上也存在，但作用不大，所以物體能在冰面上滑得很順暢。

　　在沒有摩擦力的世界，物體一旦開始滑動，就會不斷滑行下去，直到永遠。

試圖在地面上滑動一塊石壺時，需要非常巨大的力量，因為地面和石壺之間的摩擦力比冰面和石壺之間的摩擦力大多了。

 關於「摩擦力」的詳細介紹，請見第 20 頁。

腳踢地面

如果我們仔細觀察人們「快步」走路的樣子，就會發現人是透過「用腳向後踢地面」來前進的，「跑步」則是「用力踢地面」。這代表我們是透過向地面施加「向後的力」，並從地面接收「相反的力」來向前移動。

●快步走路

●加速跑步

踢地的力量越強，身體就會前進得越快。

跳躍（跳起來）也代表人用力往下壓地面，並接收到地面用力往上推的力量。

跳躍時，得到地面越強大的反作用力，就能跳得越高。

作用力與反作用力定律

當某樣物體被「推」時，被推的物體會以同樣大小的力，朝反方向「回推」推過來的物體。這種彼此「被推就回推」的關係叫做「作用力與反作用力定律」。

被推就回推

日常生活中，我們到處可以看到推了某樣物體，
就會反被推回來的情境。例如這樣⋯⋯

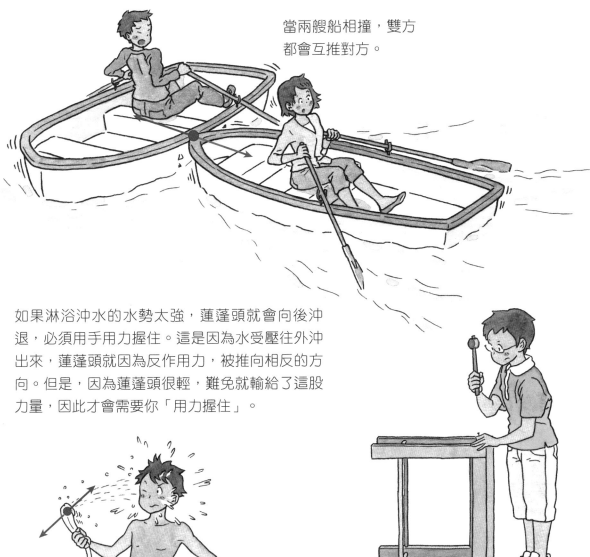

當兩艘船相撞，雙方
都會互推對方。

如果淋浴沖水的水勢太強，蓮蓬頭就會向後沖
退，必須用手用力握住。這是因為水受壓往外沖
出來，蓮蓬頭就因為反作用力，被推向相反的方
向。但是，因為蓮蓬頭很輕，難免就輸給了這股
力量，因此才會需要你「用力握住」。

用錘子敲釘子，釘子會在短時間內把錘子推回
去。但是，因為此時施加在釘子上的力，集中
在釘子的末端的一小部分，所以，即使我們沒
有施加很大的力，釘子還是會和受到很大的力
一樣，穿進木材中。如果桌子表面換成硬金
屬，釘子就無法穿進去。

物體會「停下」的原因

滾動的球滾得越來越慢，不久後就會停下來。

在冰上滑行的物體也是，雖然好像可以滑得很遠，但最後還是會停下來。

為什麼明明沒有人去阻擋，還是會停下來？因為在球和地面之間，以及物體和冰面之間，有一種阻力發生了作用，稱為「摩擦力」。這就是我們在第 15 頁提到的「無形的力量」。

如同我們在「作用力與反作用力定律」（第 18 頁）提到的，當你走路的時候，朝地面施加一個向後的力，並從地面接收一個相反的力來向前進。此時，地面也會發生「摩擦力」的作用，把你的身體往前推。也就是說，你的腳踢地面，從地面接收到的反方向的力，是因為「摩擦」產生的。正因為有「摩擦」，我們走路時才不會滑倒及跌倒。

不過，鞋底的磨損狀況接近滑面時，作用在鞋底的「摩擦力」就會變小，要是不小心就可能會滑倒……

摩擦力

當我們嘗試水平滑動放在桌上或地面上的物體時，桌子或地面就會反過來產生一種力來阻止該物體移動，這個力就稱為「摩擦力」。摩擦力的大小，取決於接觸的兩個表面的性質。在同樣的表面上，物體越重，摩擦力就越大，一旦試圖滑動的力量獲勝，摩擦力就會稍微變小。

會滑動？不會滑動？

嘗試把書放在稍微傾斜的木板上，書會滑下來嗎？
接著試試看放一輛玩具車，結果又會如何呢？

放在木板上的書不會滑動。書不會移動，是因為木板和書之間作用的「摩擦力」大於讓書滑落的重力（第 24 頁）。
而玩具車不滑動輪胎就會下坡，原因是輪胎和木板之間，車輪滾動時的「摩擦力」比滑動的「摩擦力」還小。

「摩擦」有兩種，分別是讓物體滑動的「滑動摩擦」以及讓物體滾動的「滾動摩擦」。「滾動摩擦」的力比起「滑動摩擦」要小得多。

不過，也有例外的情況。比如汽車在溼滑的雪路上打滑，是因為輪胎從雪路表面受到的「滑動摩擦」小於「滾動摩擦」。

適度最好！

　　「摩擦」存在於許多地方，雖然有時很有幫助，但也有讓人傷腦筋的時候。例如，不易滑動的溜滑梯，摩擦力太大就讓人困擾，而摩擦力太小會讓人困擾的則是光滑的走廊。

相反的，摩擦力非常小的溜滑梯，也會因為滑過頭而造成危險。

「滾動軸承」減少摩擦

利用圓棍移動物體

「傷腦筋啊，又大又重的貨物，我用手搬不動！」

這時候，準備三根圓棍，嘗試插進貨物下方。推動貨物時，下面的圓棍就會開始轉動，讓貨物往前進，就像放在車上一樣，這樣就能輕鬆移動貨物了。

貨物稍微往前移動後，會有一根棍子留在後方。接著再把棍子拿到前面，插入貨物下方。重複這麼做，即使是大型貨物，也可以設法移動一小段距離。

這裡使用的圓棍，因為可以滾來滾去，所以稱為「滾動軸承」。使用滾軸機制製造的機器和工具，經常用於工廠等許多地方。

所謂「摩擦」是指
和試圖前進的力量相反的作用力。
使用「滾動軸承」可以減少摩擦。

用滾輪式輸送機移動

工廠中使用的滾輪式輸送機，排列了好幾根圓柱形的棍子（滾柱 Roller），可以發揮滾輪的功能。滾柱並不會移動，而是在原地旋轉，因此把貨物放在上面，可以只讓貨物往前移動。

圓形的「滾動軸承」── 滾珠軸承

滾珠軸承，也被稱為「球軸承（Ball bearing）」，是讓軸順暢旋轉的機械零件。在內側的小環和外側的大環之間，有幾顆外形像彈珠的滾珠，以及用來維持滾珠和滾珠之間的間隔、並讓滾珠順暢旋轉的滾珠保持器（圖中未繪製）。

如果其中一個環，例如外側的環是固定的，把軸安裝在內側的環並旋轉，因為滾珠會一起滾動，軸就能順暢旋轉。

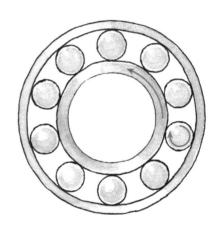

如果內環以逆時鐘方向旋轉，滾珠就會朝順時鐘方向旋轉。

想要輕鬆移動物體，最重要的就是減少「摩擦」。

例如把物體的表面之間的距離稍微拉開，在縫隙中加油，或是讓空氣流通縫隙，都是常見的做法，也都是減少「滑動摩擦」的方法。

➔ 關於「摩擦力」的詳細介紹，請見第 20 頁。

舉起物體

當我們嘗試舉起不同的物體，有的小卻很重，有的大卻很輕。物體的重量對每個人來說並非都一樣。

20 克的湯匙很輕，連嬰兒都可以舉起來。

我拿的箱子有 2 公斤，有點重。

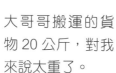

大哥哥搬運的貨物 20 公斤，對我來說太重了。

參加奧運舉重比賽的選手，可以舉起 200 公斤！

重力

所謂物體的重量，是由地球牽引物體產生的。這種牽引的力（引力）稱爲「重力」。

向下的力量

我們可以很輕易的找出哪裡有重力，
例如，像這樣的狀況……

放開手，雞蛋就會掉到地上破裂。　　　拿著繩子，就可以掛著溜溜球。

因為地球是圓的，所以從地球的另一側來看，
或許也算是「向上的力量」。

秤重1	秤重2
## 使用彈簧秤	## 使用天秤

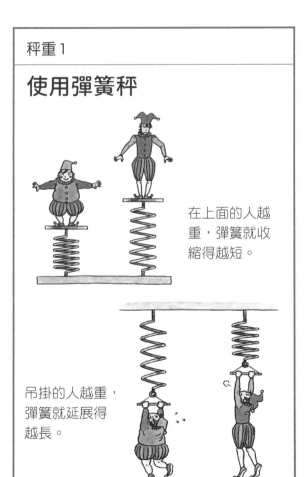

在上面的人越
重，彈簧就收
縮得越短。

吊掛的人越重，
彈簧就延展得
越長。

兩個秤盤當中，較重的盤子會下降。當兩
者重量相等時，就會保持水平。

發現萬有引力的牛頓

你知道牛頓和蘋果的故事嗎？

艾薩克‧牛頓（Isaac Newton），英國人，出生於 1642 年的聖誕節。剛出生的他非常瘦小，大家都害怕他活不久，結果他一直活到了 85 歲，甚至只掉了一顆牙，頭髮也很茂密。

少年時的他很喜歡閱讀，當母親希望他學會工作讓他去放羊時，他也一直沉浸在閱讀中。這讓他的母親重新考慮，決定讓他上學念書。

牛頓開始上學後，寄宿在熟識的藥劑師家裡，據說他在那裡讀了很多科學書籍，做了很多實驗，進入劍橋大學後也很努力學習。

牛頓有做筆記的習慣，他在筆記本寫下了許多自己覺得有疑問的地方，還有閱讀後的所思所感與觀察。例如，他記下了用「棱鏡分離光」的顏色實驗和相關解釋，以及關於「運動」和「宇宙」等問題的疑問。

在過去的科學常識中，有許多以今天的角度來看是錯誤的。例如，扔石頭會掉到地上，是「因為物體應該在下面」；而點火時火焰會上升，是「因為火應該在上面」。

牛頓在 23 到 24 歲之間，有一天待在母親的農場裡，當他坐在庭院的蘋果樹樹蔭下沉思時，看見蘋果從樹上掉下來。

他覺得這並不是理所當然的，開始思考「掉下來」是怎麼一回事。接著他想「蘋果之所以會掉下來，是因為地球的牽引」。物體有「引力」，地球拉著蘋果，蘋果也拉著地球。這個力量

只要物體越重就越大。但如果是這樣的話，為什麼月亮不會掉到地球上？

　　如果你從高山朝水平方向丟出球，球應該會掉到有點距離的地上。假設不用球，而是用大炮發射炮彈，炮彈應該會飛得更遠，再掉到地上。如果炮彈的速度越來越快，又會怎麼樣呢？炮彈會不會很難落地，最後沿著地球表面繞一圈呢？假設月球是非常快的炮彈，難道就會繞著地球周圍轉而不落地嗎？難道不是物體一遠離地球，地球的引力就會急速變小嗎？

　　地球對物體的引力是物體越重就越大，離地球漸遠就會漸漸變小。牛頓考慮了所有的「物體」和「物體」之間的各種

大炮在高山上發射。牛頓認為，炮彈的速度越快，就會飛得越遠，說不定會繞著地球轉一圈。

作用力，並把這些作用力歸納成了「萬有引力定律」。有了這個定律，我們就能用它來說明宇宙萬物之間的各種引力作用，很厲害吧！

　　所謂的重量，是受到地球的引力牽引，人類因此感受到的「重力」。如果重量100g 的物體到了無重力的世界，重量就不存在了。

　　但是，這並不代表這個物體本身消失了。物體的量不稱為「重量」而是「質量」。物體在距離地球很遠的地方，可能會感覺重量減半，但質量卻保持不變。

　　牛頓研究「力」與「運動」的關係，創建了物理學的基礎「力學」。牛頓歸納出的「運動三大定律」，就是本書提到的「運動定律」、「慣性定律」、「作用力與反作用力定律」，而仔細思考「力」就是科學的基礎！

＊　　　　＊

　　力的單位　力的單位名稱是「牛頓（Newton）」。在地球上，相當於 100g 重量的重力約為 1 牛頓。單位符號是「N」。

探究物體運動的伽利略

伽利略‧伽利萊（Galileo Galilei）1564 年出生於義大利的比薩城，伽利略是他的名，伽利萊則是他的姓。

他的爸爸擁有優異的數學和音樂才華。伽利略繼承了爸爸的資質，擁有很強大的自我思考能力，以及把許多知識化為己用的能力。因為目標是成為醫生，他開始在比薩大學習醫。但是，伽利略的研究志向並不只在醫學，他也努力學習數學和物理學。

伽利略 18 歲的時候，正在用功成為一名醫生。有一天傍晚，他去參加城裡教堂舉行的彌撒（基督教的天主教舉行的儀式）。因為天色逐漸暗了，教堂的人試圖點亮懸掛在天花板的長吊燈。當他點燃燈火，把手從燈上移開時，燈開始搖晃。

伽利略凝視著燈，看著燈擺動的幅度逐漸變小，擺動得越來越慢。

伽利略認為如果擺動的幅度變小，擺盪一個來回所需的時間（稱為「週期」）應該也會變少，於是試著用自己的脈搏作標準測量看看。但結果是，即使擺盪的幅度變小了，週期仍舊不變。

伽利略回家後，把石頭綁在繩子的末端，做了一個「單擺」，進行更精確的實驗。他一開始將單擺的擺盪幅度，設定成和吊燈差不多，並測量其運動逐漸變小的擺幅與週期。

實驗結果證明週期是固定的，無論石頭是重是輕都一樣。他還發現，繩子越長，週期就越長。單擺的週期和擺幅或重物的重量無關，這個現象被稱為「擺具有等時性週期」。

＊　　　＊

伽利略 25 歲時開始在大學教數學，同時他也研究物體的重心，以及物體落下的運動。他曾經做了一個實驗：把兩顆不同重量的球，從知名的比薩斜塔丟下。兩顆球幾乎同時落地，讓眾人很驚訝。因為在那個年代，大家普遍相信，物體落下時「越重的物體會掉得越快」。

為了確認物體落下的運動到底真相如何，伽利略繼續他的研究。如果從上扔下物體，物體立刻會落地，沒辦法弄清楚過程中發生了什麼。因此，伽利略設計了一個裝置，讓光滑的小球從斜坡上的溝槽中滾下來。這樣一來，就能讓球從坡上開始滾到底下的時間延長了。

溝槽上標示了刻度，他研究了速度和時間之間的關係，並確認了滾動的時間越久，球滑落的速度越快。

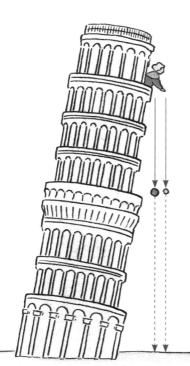

位於義大利比薩市的比薩斜塔從 1173 年開始建造，歷經約 200 年，在 1350 年左右建成。它是圓柱形的八層建築，高度約 55 公尺。由於地盤下沉，向南傾斜。

伽利略進行過一個實驗，把兩顆不同重量的球從斜塔上丟下，每個人都預測「較重的球會掉得比較快」，但事實上這兩顆球幾乎同時落地。

桌上的書

桌上放了一本書,雖然書完全不動,
卻不代表上面沒有發生任何力的作用。

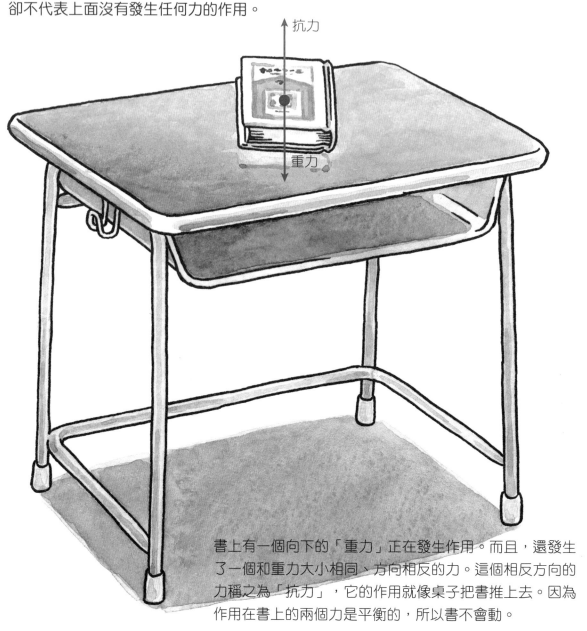

抗力

重力

書上有一個向下的「重力」正在發生作用。而且,還發生
了一個和重力大小相同、方向相反的力。這個相反方向的
力稱之為「抗力」,它的作用就像桌子把書推上去。因為
作用在書上的兩個力是平衡的,所以書不會動。

力的平衡

當兩個力作用在同一物體上,且在同
一直線上大小相等,方向相反時,這
兩個力就會「平衡」。當力平衡時,物體就不會動。

拉棍子遊戲

「我不會輸你的！」、「我才是！」
和對手比賽總是平手。

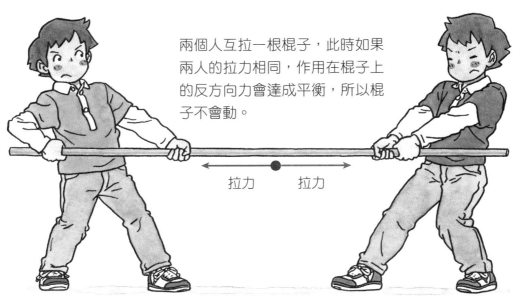

兩個人互拉一根棍子，此時如果
兩人的拉力相同，作用在棍子上
的反方向力會達成平衡，所以棍
子不會動。

拉力　　　拉力

掛在樹枝上

「快到極限了……」
「加油！加油！」
因為少年的重量（重力）和繩子向上拉的力量（張
力）達成平衡，所以少年還掛在樹上。不過，如果少
年放開疲憊的手，張力不再起作用，只剩下重力，他
就會掉下來。

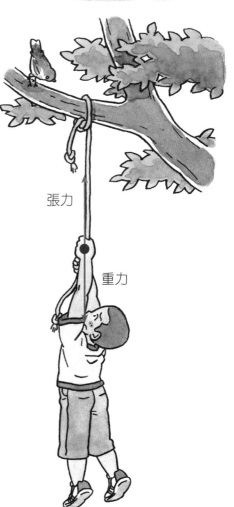

張力

重力

兩人搬運

有一個裝滿水的水桶，兩人一起搬運比較輕鬆。只是，你知道此時兩人負擔的重量，會因為從不同的角度拿取水桶，而有所不同嗎？例如，下方的左圖和右圖，哪一張圖可以搬得更輕鬆呢？

力的方向和大小，以箭頭的方向和長度表示（這些箭頭稱為「向量」）。希望知道兩人的力量如何作用時，可以繪製以兩個向量為邊的平行四邊形。

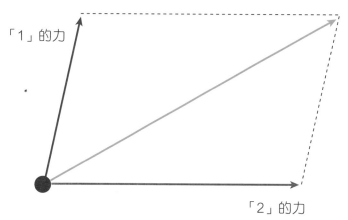

「1」的力

「2」的力

當「1」和「2」的力結合時，實際作用的力（合力）

平行四邊形的對角線（綠線），是兩個力結合時實際作用的力。這個實際作用的力稱為「合力」。合力的大小和作用的方向都與原來的力不同。

合力

力有「大小」和「方向」。「合力」的意思是把幾個力合而為一的力，這是考慮到力的大小和方向，合成為一個力。合力的大小和作用的方向，都和原來的力不同。

可以輕鬆搬運是因為……

箭頭的長度表示力的大小；方向則表示力的作用方向。

只要試著把這兩個力合在一起，就能明白力是如何作用的。

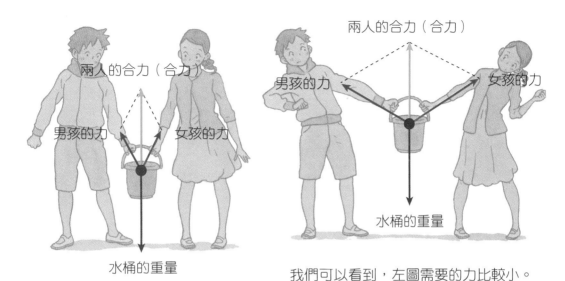

兩人的合力（合力）

男孩的力　　女孩的力

水桶的重量

兩人的合力（合力）

男孩的力　　女孩的力

水桶的重量

我們可以看到，左圖需要的力比較小。

重心在哪裡？

　　物體都有「重心」。重心的意思是該物體的「重量中心」。當物體在重心的正上方或正下方獲得支撐時，它就不會傾斜或倒塌。標示力的向量時，可以標示成，力施加在通過重心的垂直線上。（●是重心的位置）

透明的塑膠塊

墊板

球

上面三種物體的重心都在正中間，但是下面的物體則有點不一樣。

不倒翁的重心在很下面的位置。

挑擔平衡玩具的重心在身體外面。

使用槓桿

使用槓桿可以把小的力轉化為大的力，在日常生活中，可以看到各種使用槓桿原理的工具。

園丁會熟練的使用大剪刀，即使是粗大的樹枝，也能輕鬆剪斷。

支點

抗力點

施力點

只要使用開瓶器，即使是很緊的瓶塞也能輕鬆打開。

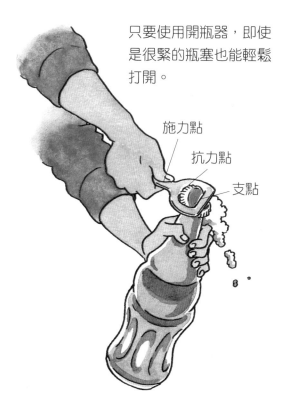

施力點

抗力點

支點

想要拔掉釘子，使用拔釘器很方便。

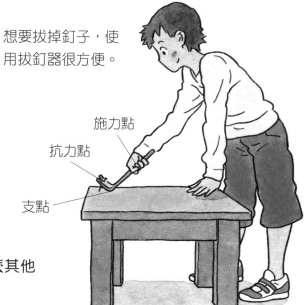

施力點

抗力點

支點

這些工具都是利用槓桿原理，還有什麼其他工具也是呢？

槓桿原理

以桿上的一個點（支點）當軸心支撐，於另一個點（施力點）施加力，進而讓在另一個點（抗力點）的物體移動。這樣的工具稱爲「槓桿」。槓桿原理的關係方程式是〔施力點上承受的重量〕×〔支點到施力點的距離〕＝〔抗力點上承受的重量〕×〔支點到抗力點的距離〕。

思考槓桿原理

以桿上的一個點（支點）為支撐點，決定在其他地方施加力的點（施力點）。被施加在力點上的力，會作用在桿上另一處的物體（抗力點）的位置，對物體施加力。

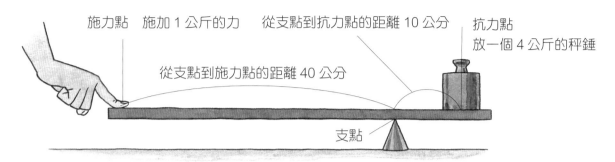

施力點　施加 1 公斤的力　從支點到抗力點的距離 10 公分　抗力點 放一個 4 公斤的秤錘

從支點到施力點的距離 40 公分

支點

從左開始，分別是施力點、支點、抗力點。在施力點以相當於 1 公斤重量的力按壓，就可以和抗力點上的 4 公斤秤錘取得平衡，能夠支撐秤錘。上述現象可以用以下公式表示：

1（公斤）×40（公分）＝ 4（公斤）×10（公分）

從支點到施力點的距離越長，從支點到抗力點的距離越短，就能用越小的力讓物體移動。如果兩者的長度相同，所需的力也相同。

和爸爸一起玩翹翹板的時候，如果爸爸坐在比較前面，就能維持平衡。

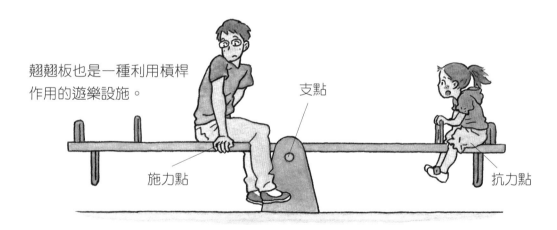

翹翹板也是一種利用槓桿作用的遊樂設施。

支點

施力點

抗力點

支點的位置在哪裡？

槓桿的支點並非在任何情況下都在內部。

你知道開瓶器的抗力點在中間嗎？而拔刺夾或鑷子的施力點在中間，支點則在外面。這樣一來就可以利用手指的細微動作，施加既小巧又溫和的力了。

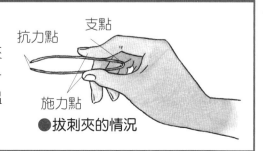

支點

抗力點

施力點

●拔刺夾的情況

旋轉的「槓桿」

仔細觀察槓桿以支點為中心左右傾斜的運動，我們會發現它不是上下運動（左右的運動），而是旋轉運動。

例如自行車的把手。前面有一個支撐前輪的軸，其中心是支點，軸的邊緣是抗力點。施力點則是車手把（用手握住把手的部分）。

有兩個大小相同、方向相反的力，相隔一小段距離作用於這個「旋轉槓桿」上，這兩個力就是「力偶」。

●作用在自行車把手上的力偶

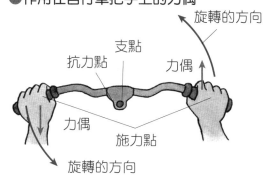

當大小相同、平行且方向相反的力在相隔一定距離內作用時，這對力稱爲「力偶」。

當自行車配置的把手很短時，即使只是稍微轉動把手，也會導致方向大幅改變。這樣很危險，所以要小心操作把手！

汽車的方向盤是圓形的。

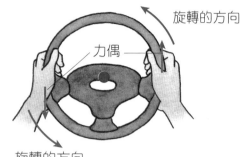

旋轉的方向

力偶

旋轉的方向

雖然形狀不同，但力的作用原理
和自行車的把手原理一樣。

水車也是旋轉的「槓桿」

水車的外框有許多儲水的箱子，利用水儲存在此的重量來轉動水車。雖然乍看之
下，似乎與「槓桿」無關，但事實上這也是利用槓桿原理驅動的。

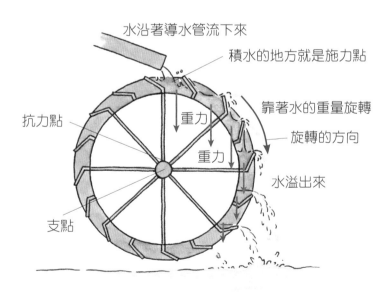

水沿著導水管流下來

積水的地方就是施力點

抗力點

重力

靠著水的重量旋轉

重力

旋轉的方向

水溢出來

支點

水車的支點位於旋轉軸的中
心。因為抗力點在旋轉軸的
邊緣，所以從支點到抗力點
的距離很小。水車儲水的大
輪子部位是施力點。

作用於水車上的力，並不稱
為「力偶」。這是因為下行
的箱子裝了水，雖然因為重
量產生向下的力，但在上行
的部分，並沒有向上的力作
用於箱子。

打造持續轉動的陀螺

順利旋轉陀螺時，轉動的陀螺看起來就像靜止一樣。而且，只要沒有摩擦或空氣阻力，陀螺就可以一直旋轉下去，這就像物體不斷滑行的「慣性定律」一樣。

用繩子旋轉的市售陀螺，這種陀螺可以轉得非常久。

手作陀螺只要能維持良好平衡，也能持續轉很久。

平衡不好的手作陀螺，沒辦法轉很久。

用橡實做成的陀螺也不能轉很久。

自己製作陀螺來轉看看吧！

只要準備當中軸的棍棒和厚紙，手作陀螺其實也相當簡單。

●中軸可以切竹籤使用或是直接用牙籤。

●在紙上畫出半徑約 10 公分的圓盤剪下使用。

●在中心鑽孔插進中軸，再用黏著劑固定。

想做出能轉很久的陀螺，竅門就是：

中軸要垂直穿過圓盤的中心，和重心重疊。

重心在下方會比較穩定。圓盤雖然越大越好，但是太大的話，在旋轉時容易彎曲。

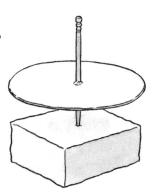

最好把中軸垂直插在保麗龍的厚板上，直到晾乾。

我們居住的「地球」也屬於一種陀螺。
中軸就是串連北極和南極的直線，一天自轉一次。
這個巨大的陀螺，已經不眠不休，持續轉了幾十億年。

地球陀螺

這個不是真的地球，而是玩具。

地球陀螺有兩個圓形框架，一個環繞著陀螺（以真實的地球來說，就是赤道這一圈），另一個環繞串連的南北極。以軸的上端為北極，下端為南極，則兩個極點所對應的軸末端被嵌在框架形成的凹槽中，可以旋轉。

把細繩穿過軸上的孔洞，纏在軸上，再按住框架，用力拉緊繩子，就可以讓陀螺轉動。

一旦開始轉動，就很難停下來。這就像馬戲團的走鋼絲一樣，在繩子上也能持續旋轉。

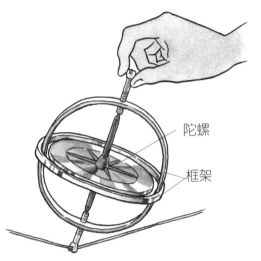

陀螺

框架

陀螺儀

陀螺儀是用來精確感測交通工具方向的裝置。

位於中心的陀螺重心會維持在正中央，固定於一個框架上，隨著第二個框架被旋轉，第三個框架則會跟著第二個框架旋轉。這樣一來陀螺就能指向任何方向。當陀螺旋轉時，即使整個陀螺儀是傾斜的，陀螺軸的方向仍維持不變。

和行駛於道路或鐵路上的交通工具相比，船、飛機，以及火箭等交通工具，很難知道行駛時是直線前進、有偏差還是傾斜。不過只要安裝了陀螺儀，就能輕易知道答案。因為無論交通工具如何改變方向，根據旋轉中的陀螺軸的傾斜程度不變，就能知道交通工具有多少方向和傾斜度的改變。

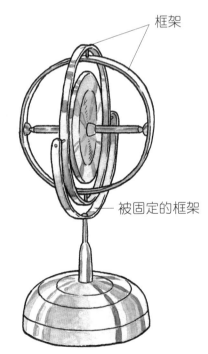

框架

被固定的框架

投球

你喜歡棒球嗎？看職業棒球比賽時，投手會投出非常快的球。
這時候的投手動作是如何活動的呢？

如果是右投手，投球時的動作就如上圖的 ❶ 到
❻ 所示。以文字描述就是：以右腳為軸站立，
持球的右臂向後伸。左腳大步向前邁出，並迅速
把力量集中在右臂揮動。此時身體也會一起大幅
度向前運動。

在球離手的瞬間，力從手腕開始向前伸展。

組合這些動作後，離手的球速度非常快。指尖的
微妙運動也會影響球的前進方式。身體的重心逐
漸往前移動，簡直像體重都施加在球上一樣。如
果沒把球投出去，投手就會向前摔倒。

而球離手之前，身體會從球接收到向後的反作用
力，因此還能夠用力站穩不跌倒。而球則會因為
接收到的運動力道而飛出去！

動量

球運動的速度越快，運動的「力道」越大。這個運動的力
道稱為「動量」。動量的公式是〔質量〕×〔速度〕。如
果動量相同，輕球會比重球速度更快。

以軸腳（右腳）的位置為基準，試著標出球的橫向位置。從 ❶ 到 ❻ 的數字分別對應下方的圖示，每個數字之間經過的時間是固定的。你可以看出隨著時間推移，動作也跟著變大了嗎？

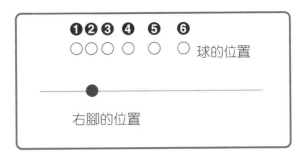

❶❷❸ ❹ ❺ ❻
○○○ ○ ○ ○ 球的位置

右腳的位置

❹ ❺ ❻

重的球和輕的球

　　球從投手接收的「力道」（動量）有多大，取決於球的重量。只要在投出球之前，總計施加的力相同，那麼不管哪一顆球的動量都是相同的。

　　也就是說，假設重球和輕球的動量相同，那麼重量只有重球一半的輕球，會以重球的兩倍速飛出去。

輕球

重球

接球

嘗試赤手接球時，如果球速緩慢，很簡單就能接住，而且手不會痛。但是，當球速很快時，接球的手就會很痛。要巧妙地接住球，需要一點訣竅。

接球時，為了降低球撞到手的「衝力」，就要盡量延長把「動量」化為「0」的時間。例如可以在球和手之間，放置類似緩衝物的東西。
此外，設法擴大球撞到的面積，也能分散「衝力」，而不太會感到疼痛。

在手伸直的狀態下接球，會使球動量降到「0」的時間大幅縮短。手掌瞬間的受力很大，會非常痛。

在接球的瞬間，稍微彎曲手臂。這個動作有緩衝作用，延長球動量減到「0」所需的時間，所以不太會感覺疼痛。

只要戴上手套，即使接下有一定球速的球，也幾乎不會感到疼痛。
因為棒球的手套富有彈性，會延長接球時的球動量降到「0」的時間。
此外，在受力相同時，比起撞在手掌的一小部分上，撞在手套的寬廣接觸面上，更能分散「衝力」。

衝力

移動中的物體撞上其他物體時，兩者改變運動的瞬間，雙方會互相產生「衝擊」的力，即「衝力」。例如高速行駛中的汽車突然停下來，會產生巨大「衝力」。像這種情況，當物體具有的動量在短時間內發生變化時，這個「衝力」就會變大。

擊球

用球棒擊球時，會因為這股衝力而讓球的動量產生巨大變化。

撞擊球棒的球瞬間停止，改變方向，得到了從球棒來的動能而飛出去。沉重的球棒被揮得越快，施加在球上的衝力就越大，球就飛得更快、更遠。

不過，也可能因為擊球的位置不同，而讓寶貴的打擊力量分散。擊球瞬間，球和球棒的角度，以及擊球位置都很重要。

爲了保護生命的小設計

　　汽車的碰撞事故就是動量在短時間內大幅改變的典型例子。速度越快、重量越重的汽車，碰撞時的衝力就越大。

　　以前人們認為汽車的車身越堅固越安全。但是，近來汽車的車頭部位，則是被故意設計得容易破損。這是為了在發生交通事故、車頭受到巨大衝力的時候，能夠產生減弱力量的緩衝作用。只是一點點的設計不同，就可以保護生命。

橡膠的彈性

橡膠是一種具有優異彈性的物質，它可以製成柔軟又能大幅伸縮的物品，也可以製成堅硬又不太會伸縮的結實物品。因此，在我們的生活中，橡膠廣泛應用於各種地方。

氣球用柔軟的橡膠製成。吹氣進去就可以看著它變大。

當我們嘗試拉扯橡皮筋，只拉一條很輕易就能拉長，但如果把很多條橡皮筋疊在一起，拉動它們就需要相當大的力量。

利用橡膠的優異彈性，我們可以用它來製成各種工具。

汽車的輪胎，由雙層構造組成。內側是柔軟又有大幅收縮功能的橡膠，外側則使用堅硬結實的橡膠。內側的橡膠像氣球一樣，可以充進空氣讓它膨脹；外側的橡膠則能抑制內側橡膠過度延展，發揮緩衝的作用。

運動鞋的鞋底也是由橡膠製成的。穿著運動鞋走路時，橡膠會稍微收縮，減弱地面對鞋底施加的衝擊力。這樣一來就不容易感到腳痛。

彈性力

像橡膠、彈簧那樣，當我們施力後會延展、收縮或彎曲，並具有恢復原狀的性質，稱為「彈性」，而此時的作用力則稱為「彈性力」。彈性力的特性是，最初被施加的力量越大，彈性力就越強。

 關於各種「彈簧」的種類，請見第 46 頁。

彈簧的彈性

弓利用被拉開的弦產生的回復力，為箭帶來力量，這也是彈簧的一種。此外，像是利用槓桿原理的「拔刺夾」和「鑷子」等工具，也屬於彈簧。

使用「拔刺夾」和「鑷子」等工具，只需在想抓住物品的時候，用手指施力即可。只要一放鬆力量，工具就會因為彈簧的彈性恢復原狀。

彈簧收縮得越多，恢復原狀的力量就會越大。但是，如果用力過大，超過極限的話，彈簧就無法恢復原狀了。

下圖的兒童房中，也有很多地方使用了彈簧，來找一找彈簧藏在哪些地方吧！

解答：彈跳床、床墊、姐姐的髮夾、兩個發條玩具、貼在白板上的磁鐵夾

各種彈簧

施加力量拉長彈簧時，彈簧會延展。這個力量一消失，彈簧就會恢復延展前的長度。
施加力量壓縮彈簧時，彈簧會收縮。這個力量一消失，彈簧又會恢復收縮前的長度。
彈簧是利用變形後還能恢復原狀的能力（彈性力）製成的零件。像是「鋼」之類的
金屬，雖然不能像橡膠一樣大幅度伸縮，但因為彈性優良而被用來製造各種彈簧。

板片類彈簧

把金屬材料製成薄片再彎曲，就成了
「彈簧片」。女生用來固定頭髮的髮
夾，使用的就是這種彈簧片。

彈簧片

細長形彈簧片

帶孔彈簧片

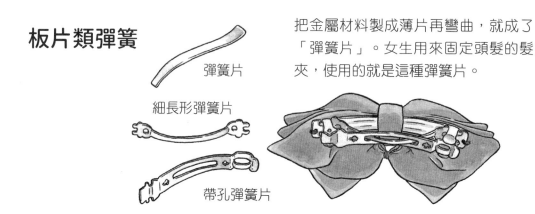

盤形彈簧

「盤形彈簧」的外型像盤子一樣，正中間有穿孔。和盤形彈簧類似
的，還有比較平的「墊圈」和「彈簧墊圈」。使用螺栓和螺帽固定物
體時，需要在兩者中間夾進「盤形彈簧」或「墊圈」。螺栓和螺帽會
持續施加適當的力量壓緊「盤形彈簧」，長久維持密合的狀態。

 盤形彈簧   墊圈   彈簧墊圈

只要在螺栓和螺帽之間夾進盤形彈簧或
墊圈，就能維持它們密合的狀態。

彈簧利用的是「彈性力」，
這就是「恢復原狀的力量」，
也可以稱為「回復力」。

發條彈簧

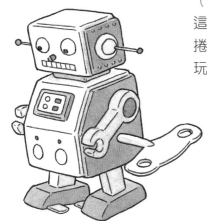

「發條彈簧」是把狹窄的薄片狀彈簧繞製成漩渦狀（也稱為「渦型彈簧」）。以前的時鐘使用的就是這種發條彈簧。現在則使用於發條玩具驅動玩具，捲繞的發條會隨著時間慢慢鬆開，逐漸釋放出驅動玩具的力量。

發條彈簧

線圈彈簧

把金屬鋼絲捲成線圈狀，就是「線圈彈簧」。分別有利用壓縮產生回復力的「壓縮線圈彈簧」，以及利用拉伸產生回復力的「拉伸彈簧」。

壓縮線圈彈簧　　　　　　拉伸線圈彈簧

扭力彈簧

「扭力彈簧」以線圈狀的彈簧為中軸，扭動旋轉運作。

扭力彈簧

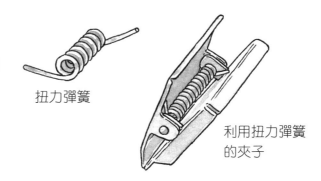

利用扭力彈簧的夾子

十七世紀英國的物理學家羅伯特‧虎克發現，在彈簧伸縮量很小的範圍內，當彈簧所受力量變成原來的兩倍時，長度變化也是兩倍。這種性質以發現者的名字命名為「虎克定律」。「彈簧秤」就是利用這種性質來測量力的大小。

感受浮力

試試看在泳池邊雙腳用力站住，然後彎曲膝蓋，慢慢蹲下——很困難對吧？
如果想成功下沉到水的深處，下列哪個種方法是正確的？

❶ 吸進一大口氣，捏住鼻子並蹲下。

❷ 把氣全部吐掉，捏住鼻子並蹲下。

❶ 吸進一大口氣，身體會感覺自然浮起，無法成功下沉。

❷ 吐氣的狀態下，即使不需要非常用力，也能成功下沉。

吸氣時，身體會增加相當於吸氣量的體積。而且，與身體所受的重力反方向的浮力會在水中發生作用。

體重相同時，體積越大，浮力也會越大。因此，吸氣增加身體的體積時，很難成功下沉。

浮力與水的反作用力

水會產生「浮力」。所謂水的浮力，指的是物體受到與排開的水重量大小相等的作用力。游泳就是利用水中的浮力漂浮，並使用手腳創造出前進的力量。當我們向後推動水，身體就會接收到來自水的「反作用力」。身體獲得這個力量，就會往前進。

讓身體前進

游泳使用的是「手划腳踢」，向後推動水產生力量。
被推動的水，會以大小相同、方向相反的力反推回來。
沒錯，這就是「反作用力」，這個力會讓身體前進。

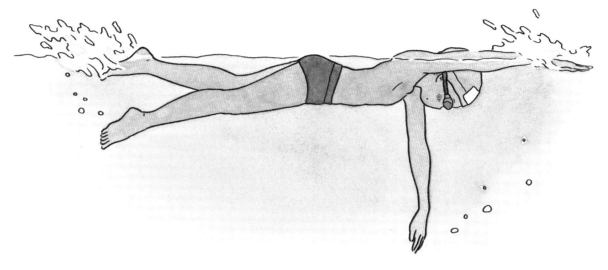

要游得快，最重要的是姿勢正確。

●姿勢正確的例子

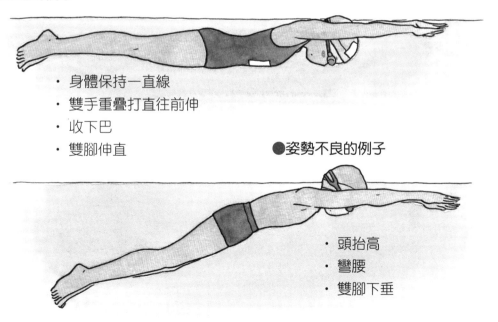

· 身體保持一直線
· 雙手重疊打直往前伸
· 收下巴
· 雙腳伸直

●姿勢不良的例子

· 頭抬高
· 彎腰
· 雙腳下垂

這樣並列比較，差異就能一目瞭然。所謂的不良姿勢，就是讓水的阻力變大
的姿勢。因為需要出更多力來對抗阻力，所以容易感到疲勞。

第 2 章

風力、水力

天氣有好有壞。強風吹襲時很危險；大雨下不停，小溪就會氾濫；大海嘯也可能沖走房屋、堤防和港口。大自然裡有許多強大的力量，是我們平常察覺不到的。另一方面，自古以來人們就善於利用大自然的力量豐富生活。大自然有各式各樣的力量，本章就讓我們來探討空氣與水的力量吧！

覆蓋地球的空氣

從我們的身邊，一直到很遠的高空都有空氣。空氣會隨著海拔升高而越來越
稀薄，在海拔一萬公尺的地方，空氣只剩下地面的四分之一左右，如果沒有
氧氣罐，呼吸就會變得困難。

● 海拔 30000 公尺 ── 0.1 大氣壓

空氣比我們想像的重很多。根據計算，地面上每平方公尺（1m²）約承受了 10 噸（t）的空氣重量，這稱為「1大氣壓」。空氣所在的高度越高，氣壓就越低。在海拔三萬公尺處，氣壓約為地面的十分之一。

● 海拔 10000 公尺 ── 0.25 大氣壓

● 海拔 3000 公尺 ── 0.7 大氣壓

● 地面（海拔 0 公尺）── 1 大氣壓

壓力的單位是「Pa（帕斯卡，簡稱帕）」。在 1m² 的面積上施加 1N 的力稱為 1Pa 的壓力──相當於地面上 100g 重量產生的壓力。1 大氣壓大約是 100000Pa。氣象預報中，會把代表 100 倍的「h」加在 Pa 的前面，即 1000hPa。更精確的 1 大氣壓是 1013hPa。

氣壓

空氣（大氣）也有重量。因此空氣也會因為重力而有向下的作用力。所謂的「氣壓」（也稱為「大氣壓」），指的是每平方公尺（1m²）面積上的空氣的壓力。

壓扁棉被

把暫時不會用到的棉被摺成約 1 m^2（平方公尺）的大小，裝進大塑膠袋，再用吸塵器抽出裡面的空氣。棉被就會漸漸變得扁薄，最後厚度和毛毯的差不多。

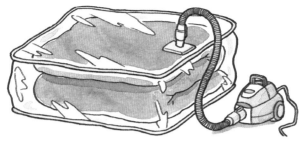

抽出塑膠袋裡面的空氣後，袋裡的壓力就變小了。假設袋裡面的壓力比大氣壓少 10%，等於是從袋子的外部施力 10 噸，袋子內部用 9 噸的力量與它推擠。也就是說，結果是，棉被上方會施加 1 噸的力差。

這個擠壓棉被的力量，大概相當於一個深 1 公尺的水槽裝滿水的重量，非常沉重，因此棉被才會被壓扁。

使用打氣筒

使用打氣筒可以幫自行車輪胎、球等物品充氣。打進的空氣越多，輪胎或球就會變得越硬。

打進空氣會造成與抽氣相反的現象，內部的壓力逐漸變大了。因為從內部推壓的力量變強，因此輪胎和球會漸漸膨脹。當內部的壓力到達 3 大氣壓（30 萬 Pa）左右時，就會變成用手按壓也幾乎不會凹陷的硬度。

高氣壓、低氣壓

我們以1大氣壓為基準來區別氣壓的高低，分為高氣壓和低氣壓。地面上的風是從高氣壓吹向低氣壓的。高氣壓的時候是晴天；而低氣壓的時候，則容易陰天或下雨。

在低氣壓的地方，風會從四周吹進來，形成空氣向上流動的上升氣流。上升到高空的空氣，因為氣壓下降而膨脹。此時，空氣中含有的水蒸氣會冷卻形成雲，因而容易下雨。

相反的在高氣壓的地方，地面的風會向外吹。空氣隨著這個現象，從高空下降，形成下降氣流。隨著空氣下降，氣壓變高，溫度就會上升。於是溼度下降，空氣變乾燥，天氣也變好了。

●低氣壓　●高氣壓

高空的氣壓與溫度

高度越高，那裡的空氣就越少，因此空氣的壓力就變弱，氣壓也變低了。在能夠形成雲的海拔一萬公尺以下，溫度也會隨高度增加而下降。

爬到富士山的山頂（海拔 3776公尺）上，氣壓約為山腳的三分之二（約 640hPa），溫度也比山腳低 25 度。

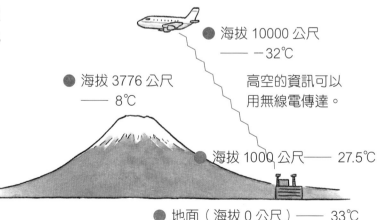

海拔 10000 公尺 ── −32℃

高空的資訊可以用無線電傳達。

海拔 3776 公尺 ── 8℃

海拔 1000 公尺── 27.5℃

地面（海拔 0 公尺）── 33℃

空氣變暖就會變輕，氣壓也會降低。
相反的，變冷的空氣則會增大壓力，使氣壓升高。

季風

風向會隨季節而顯現不同特徵。在日本，冬天的風從大陸吹向太平洋；夏天
則從太平洋吹向大陸。

● 冬天的風

● 夏天的風

冬天時，大陸的冷空氣變重，形成高氣
壓。海水並不像陸地那麼冷，因此海上
的空氣變輕，形成低氣壓。風就會從陸
地往海吹。

夏天時，太平洋的空氣變冷，形成太平
洋高氣壓，而較為溫暖的大陸，上空的
空氣則較輕盈，形成低氣壓。於是，風
就會從太平洋往大陸的方向吹。

颱風

當赤道附近溫暖的海水溫度到達 28℃以
上時，蒸發旺盛，使富含水蒸氣的空氣
上升。也就是形成低氣壓。

因為溫度很高，中心的氣壓不斷下降，
讓風不斷往低氣壓的中心吹，最後形成
颱風。

吹泡泡

沒有風的時候，泡泡幾乎不會飛，而是慢慢落下。

有風的話，泡泡就會輕飄飄的飛走。有時候，還會飛到屋頂上。

泡泡之所以會飛，是因為風推著泡泡飛。

有風的日子，泡泡會
輕飄飄的飛很遠。

泡泡越大就掉落得越慢，這和空氣的阻力有關。表面的面積越大，落下時就會受到越大的空氣阻力。即使在人們幾乎感覺不到風的時候，空氣也在時刻流動。這個流動的力量會推動泡泡。又因為泡泡非常輕，即使風很微弱，也容易受到影響。

沒有風的時候，泡泡
會慢慢落下。

風力

在地面上，我們四周的每 1m³（立方公尺）有 1.2 公斤的空氣。所謂的風，就是這些空氣流動產生的。空氣流動的速度越快，或者承受風力的面越廣，風的力量就越大，越能夠推動所在處的物體。

測量風的速度（強度）

風的速度（強度）大概是多少呢？我們可以透過四周的物體承受的風力得知。

風的速度（強度）	對周遭物體的影響
2 公尺／秒	臉感覺到風　泡泡可以飛到屋頂　樹葉搖動
6 公尺／秒	沙塵飛揚，紙屑翻飛　小樹枝搖動
12 公尺／秒	難以撐傘　電線發出聲響　大樹枝搖動
16 公尺／秒	迎風行走困難　整棵樹木搖動
26 公尺／秒	房屋毀壞　樹木倒塌

●風速的表示方法

例如寫成「16m／秒（每秒公尺）」，意思是「風以每 1 秒 16 公尺的速度前進」。如果換算成時速，1 小時有 3600 秒，因此 16（m/ 秒）×3600（秒）＝ 57600m（57.6km）。大概等於汽車行駛的速度，真的很強呢！

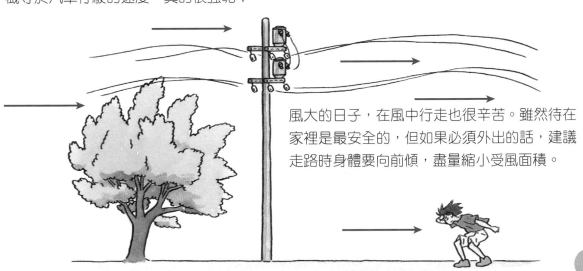

風大的日子，在風中行走也很辛苦。雖然待在家裡是最安全的，但如果必須外出的話，建議走路時身體要向前傾，盡量縮小受風面積。

驅動船的風力

風力比我們想像的大多了，如果能巧妙利用風的力量，甚至能夠驅動足以乘載幾百位乘客的大型船隻。

滑浪風帆

滑浪風帆是在衝浪板（Sail Board）上安裝帆（Sail），結合帆船和衝浪的交通工具。利用帆受風產生的「升力」，以及衝浪板滑落波浪斜面產生的推力，在水面上滑行。

帆船遊艇

帆船遊艇利用掛在船桅上的大帆接受風力，驅動前進。帆的角度和舵，決定船前進的方向。為了在微風中或正面迎風時都能前進，帆的角度可以精細調整。此外，還要講究重心的位置，讓船即使受到強風吹襲也不會翻覆，萬一翻覆也要能自動立起來。

小船裝設小帆；大船裝設大帆。帆如果太大，所受的風力就會變得太大。此外，要小心受風的角度，如果受風角度和行進方向垂直，船可能會翻覆。

帆船遊艇、帆船等船隻，利用吹到帆上的風前進。
只要巧妙調整好帆的面向，
即使風從船正面吹來，船也能夠前進。

大型帆船

這麼大的船，也只靠風力前進。大型帆船利用掛在四根船桅上的帆，以及掛在船桅之間的三角帆迎風揚帆，奔馳於世界海洋。

200 年前，在蒸汽機和汽油引擎普及以前，世界上的大型船隻幾乎都是帆船，利用風力來推動船隻。現在的帆船也依然利用風力，例如日本的大型帆船「日本丸二世」和「海王丸二世」。「日本丸二世」長 110 公尺，重達 2500 噸。

轉動風車的風力

顧名思義,風車轉動葉片就是利用風力。用於風力發電等領域的風車,也是應用相同的原理。

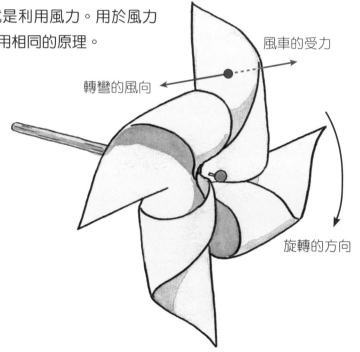

風車的受力

轉彎的風向

旋轉的方向

轉動風車

風一吹到風車的葉片上,風向就會改變。此時,轉彎的風向會產生反方向的力,推動葉片。葉片開始轉動就是因為這股力量。

製作紙風車

1

從摺紙的四個角朝中心,用剪刀剪進一條線(中心周圍大約留下三分之一不要剪)。

2

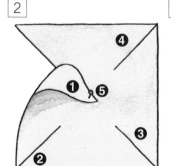

把 ❶❷❸❹ 集中到中心處,使用細釘之類的固定末端。釘子穿過位在中心處的 ❺。

3

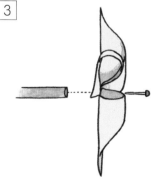

把釘子和葉片固定在棍棒的一端,紙風車就完成了。

風力發電

風力發電是利用風車的原理產生電。風大的時候，一臺大型風力發電機可以產出5000戶家庭平均用電的電量。

風機葉片

機艙

●旋轉的風機葉片的末端形成的圓形的直徑
建造在海上的大型發電機是 115 公尺（2005 年）
很久以前建造的則是 20 公尺（1985 年）

風機葉片的斷面與風

觀察風機葉片的斷面，會發現單側較厚，另一側則呈現薄薄的流線型。這種形狀可以讓風從葉片正面或背面流動時，都產生讓葉片旋轉的力量。

機艙當中裝載的是增速機（用來加速連動葉片旋轉的機器）與發電機。葉片旋轉的動能在這裡轉換成電能。

葉片的方向可以改變，在風弱的時候，加大葉片迎風的角度；風強的時候，則減小角度。

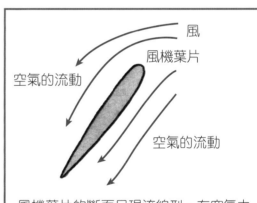

風

風機葉片

空氣的流動

空氣的流動

風機葉片的斷面呈現流線型，在空氣中轉動受較少阻力。

不管是小風車，還是大型風力發電機，都是利用風力旋轉。
風不僅會推動物體，也會使風車旋轉。

竹蜻蜓的運作機制

竹蜻蜓旋轉時，翅膀會把空氣向下推。這個力量的反作用力
產生了向上的力，讓竹蜻蜓可以飛起來。

為了讓竹蜻蜓能夠飛得好，轉動中軸的方向很重要。因為如果轉了相反的方向，翅膀下側空氣流動的方向也會相反，竹蜻蜓會「向下飛」。

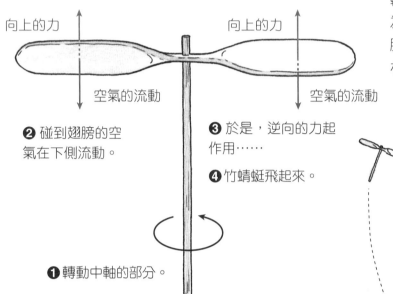

向上的力　　　　　向上的力

空氣的流動　　　　空氣的流動

❷ 碰到翅膀的空氣在下側流動。

❸ 於是，逆向的力起作用……

❹ 竹蜻蜓飛起來。

❶ 轉動中軸的部分。

讓竹蜻蜓稍微傾斜飛起來，它就會朝著中軸指向的方向飛去。過一陣子，中軸的末端就會向下。

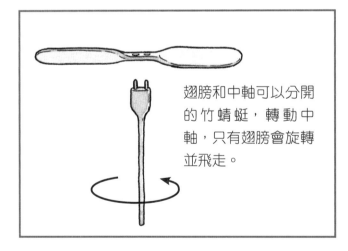

翅膀和中軸可以分開的竹蜻蜓，轉動中軸，只有翅膀會旋轉並飛走。

螺旋槳產生的升力

螺旋槳旋轉會把空氣往下壓，其反作用力則會產生往上抬升的力（「升力」）。

竹蜻蜓和直升機都是以同樣的機制產生這個「升力」，漂浮於空中。

直升機是大型竹蜻蜓

直升機用引擎帶動旋翼（Rotor），把空氣往下送，得到的升力使它飄浮在空中。
這個機制與竹蜻蜓一樣。

升力能夠把空氣往下送，當升力大於直升機的重量（即重力）時，直升機就會上升。當升力和重力相等時，直升機就會在空中靜止（Hovering 滯空盤旋）。直升機在空中靜止的時候，可以放下或提起人或貨物，這是直升機最方便的地方。

如果只有一個旋翼，機身會被這個力量牽引而一起旋轉。為了防止機身旋轉，需要在後方垂直裝設小型的旋翼，提供反方向的力。

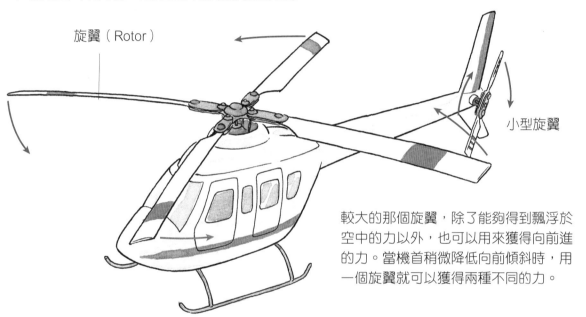

旋翼（Rotor）

小型旋翼

較大的那個旋翼，除了能夠得到飄浮於空中的力以外，也可以用來獲得向前進的力。當機首稍微降低向前傾斜時，用一個旋翼就可以獲得兩種不同的力。

防止機身旋轉的設計

如下圖所示，有的直升機藉由兩個相同大小的旋翼，各朝相反方向旋轉，以防止機身旋轉。

旋翼上下排列，各朝相反方向旋轉。

旋翼前後排列，各朝相反方向旋轉。

作用於飛機的力

當飛機在相同高度的地方，以相同速度飛行時，其力學關係如下所述：

● 向前進的力量（推力）和空氣阻抗（阻力），大小相等但方向相反

● 機翼形成的向上力量（升力）和飛機的重量（重力），大小相等但方向相反

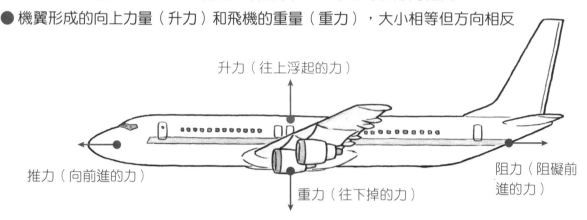

升力（往上浮起的力）

推力（向前進的力）

重力（往下掉的力）

阻力（阻礙前進的力）

飛機的「推力」和空氣的「阻力」、產生的「升力」和飛機的「重力」若
分別相同，飛機就會在相同高度以固定的速度飛行。

使沉重的機身浮起來的力

從側面觀察機翼（主翼）的形狀，可以看到機翼呈受較少抗力的流線型，且上
下曲度的大小不同。風在機翼前方被分離成上下兩道，上側曲度較大，流過的
風速度比較快。根據空氣「隨著流速變快，壓力就會變低」的原理，機翼的上
下就會形成壓力差，由高壓的下方向低壓的上方，產生向上拉升機翼的力量。

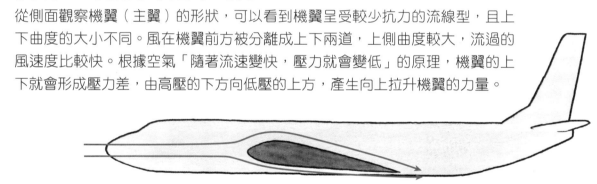

此外，由於機翼的後方稍微向下傾斜，碰到機翼的空氣就會向下流
動，因此產生反作用力，給機翼向上的力量。

作用於飛機的升力

沉重的飛機之所以能在空中飛，有兩個原因：一是空氣的流動碰到機翼產生了「壓
力差」；二是傾斜的機翼把空氣向下推壓產生了反作用力。這些原因共同創造出
巨大的「升力」。

前進的力

螺旋槳飛機是透過轉動螺旋槳，把風往後送，以獲得推力。

噴射機則使用強大的引擎，往後噴出高溫、高速的氣體來產生動力。

● 螺旋槳飛機

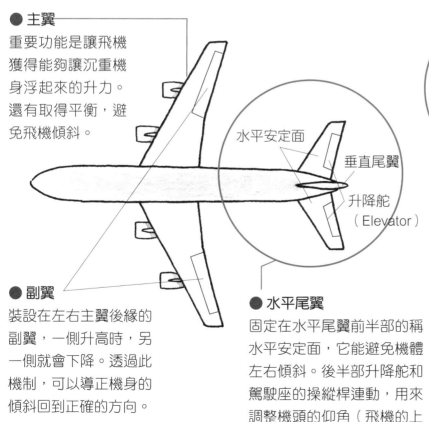

轉動螺旋槳，把來自
前面的風往後送。

● 噴射機

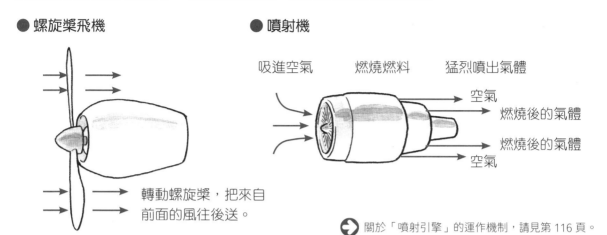

吸進空氣　　　燃燒燃料　　　猛烈噴出氣體

空氣

燃燒後的氣體

燃燒後的氣體

空氣

➡ 關於「噴射引擎」的運作機制，請見第 116 頁。

利用空氣的流動

和行駛於地面的汽車不同，在空中飛行的飛機沒有固定的道路，因此駕駛時有各種注意事項，像是保持機身平穩、決定前進方向、上升或下降等等。這些事項都必須用安裝在機翼前後的各種裝置、利用飛機的受風（空氣流動）來進行。

● 主翼

重要功能是讓飛機
獲得能夠讓沉重機
身浮起來的升力。
還有取得平衡，避
免飛機傾斜。

垂直
安定面

方向舵
（Rudder）

水平安定面

垂直尾翼

升降舵
（Elevator）

● 垂直尾翼

固定在垂直尾翼前半部
的稱垂直安定面，它能
避免機體側滑。後半部
方向舵則和駕駛座的操
縱桿連動，用來調整機
頭的方向（飛機行進的
方向）。

● 副翼

裝設在左右主翼後緣的
副翼，一側升高時，另
一側就會下降。透過此
機制，可以導正機身的
傾斜回到正確的方向。

● 水平尾翼

固定在水平尾翼前半部的稱
水平安定面，它能避免機體
左右傾斜。後半部升降舵和
駕駛座的操縱桿連動，用來
調整機頭的仰角（飛機的上
升與下降）。

作用於氣球的浮力

填充氦氣的氣球，一離開手就會立刻往上飛走。

空氣的重量約為每 1m^3（立方公尺）1.2 公斤，而氦氣則輕多了。假設體積相同的空氣重量為 1，氦氣則重 0.14，約為空氣的七分之一。當氣球的重量，加上填充氦氣的合計重量，小於這顆氣球所排開的空氣重量時，氣球就會浮起來飛向高空。

飛行船是大氣球

大型的氣球就是飛行船。飛行船搭載了引擎，使用螺旋槳前進。

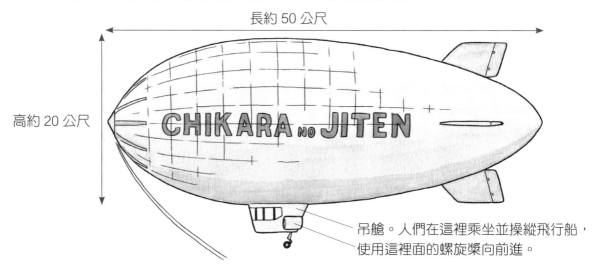

長約 50 公尺

高約 20 公尺

CHIKARA NO JITEN

吊艙。人們在這裡乘坐並操縱飛行船，使用這裡面的螺旋槳向前進。

飛行船很大，像校舍那麼大的也很常見。飛行船可以乘坐約 10 人，透過轉動螺旋槳前進。大型飛行船採流線形，往兩邊推開空氣前進時，可以減小阻力。儘管如此，由於飛行船很大，容易受風阻影響，也可能被氣流帶走。因此行駛飛行船，最好選在無風的日子。

空氣的浮力

空氣中也會產生「浮力」。

所謂空氣的浮力，是指當某物推開了空氣，就會有和被推開的空氣重量相等，向上發生作用的力。例如，若我們給氣球充滿氣體，人也能利用浮力搭乘它飛上天空。

作用於熱氣球的浮力

尼龍布製成的大袋子，填充滿滿的熱空氣後膨脹起來。熱空氣比冷空氣稍輕一點。熱氣球推開周圍的冷空氣重量所產生的浮力，若比整個熱氣球的重量（氣球的材料、內部的熱空氣、乘坐人的籃子、燃燒器等總重量）還大，氣球就會浮起來。

縫合尼龍布製作而成的大袋子。直徑長達 15 公尺左右。

熱氣球並沒有用來前進的螺旋槳等裝置，因此要靠風力才能水平方向移動。因為風的高度不同，風向和強度也不同，飛行時要一邊調整高度，一邊尋找吹向前進目標方向的風。

要降低高度時，可稍微排出氣球內的空氣減少浮力。袋子的最上方，設有排放空氣的排氣閥。

燃燒丙烷氣體，從下方把產生的熱空氣送入氣球內部。

人類第一次飛上天空

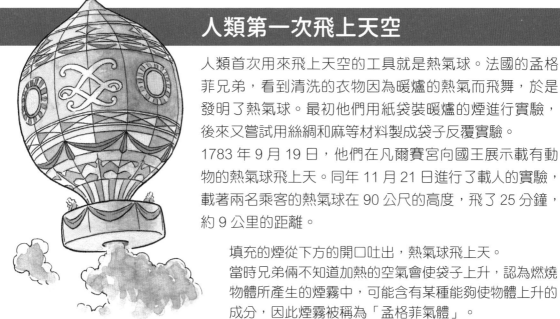

人類首次用來飛上天空的工具就是熱氣球。法國的孟格菲兄弟，看到清洗的衣物因為暖爐的熱氣而飛舞，於是發明了熱氣球。最初他們用紙袋裝暖爐的煙進行實驗，後來又嘗試用絲綢和麻等材料製成袋子反覆實驗。
1783 年 9 月 19 日，他們在凡爾賽宮向國王展示載有動物的熱氣球飛上天。同年 11 月 21 日進行了載人的實驗，載著兩名乘客的熱氣球在 90 公尺的高度，飛了 25 分鐘，約 9 公里的距離。

填充的煙從下方的開口吐出，熱氣球飛上天。
當時兄弟倆不知道加熱的空氣會使袋子上升，認為燃燒物體所產生的煙霧中，可能含有某種能夠使物體上升的成分，因此煙霧被稱為「孟格菲氣體」。

水的深度與壓力

水的深度加倍時，水的壓力也會加倍。靜止的水受到四面八方相同大小的加壓，因此水中任何一個位置所受的水壓，無論來自哪個方向，都是相同的。

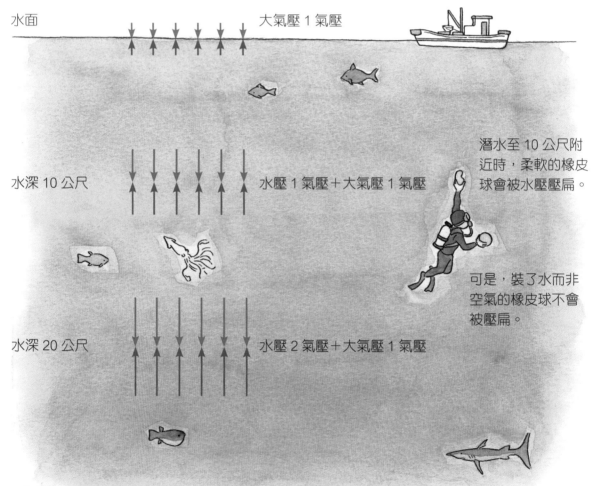

水面　　　　　　　　　　　　大氣壓 1 氣壓

水深 10 公尺　　　　　　　　水壓 1 氣壓＋大氣壓 1 氣壓

潛水至 10 公尺附近時，柔軟的橡皮球會被水壓壓扁。

可是，裝了水而非空氣的橡皮球不會被壓扁。

水深 20 公尺　　　　　　　　水壓 2 氣壓＋大氣壓 1 氣壓

不管水的深度是多少，水受到四面八方所施加的壓力都相同。因此水會靜止不動。如果壓力不相等的話，水就會被擠壓而大幅波動。

➜ 關於「氣壓（大氣壓）」的詳細介紹，請見第 52 ～ 55 頁。

水的壓力

在沒有流動的水中，某位置的水所承受的壓力，就是從該位置到水面的水重量，以及位於其上方的空氣重量的總和。如果只算水的壓力而不算空氣的重量，則稱爲「水壓」或「靜水壓」。

把老舊橡皮球沉入水中

這是一顆在玩具箱角落的老舊橡皮球。雖然沒有破洞，但有點軟趴趴的，有凹陷的地方。我用手掌包覆這顆球，嘗試把球泡進浴缸的洗澡水中。雖然想要讓球沉下去，卻不容易成功，球總是會浮起來。後來，我用力按壓這顆球，最初的凹陷處就稍微擴大了一點。當我把球按壓沉到浴缸底部時，凹陷就變得更大了。

「親眼看見」水的壓力

比較水壓的實驗，可以使用身邊的物品簡單做到。例如在寶特瓶的側面挖幾個洞，再裝滿水拿起來看看。下面的洞水壓較高，噴出水的力道比較強，噴得比較遠；而上面的洞噴出的水，因為水壓較低，力量較弱，立刻就往下掉了。

先拆掉蓋子。

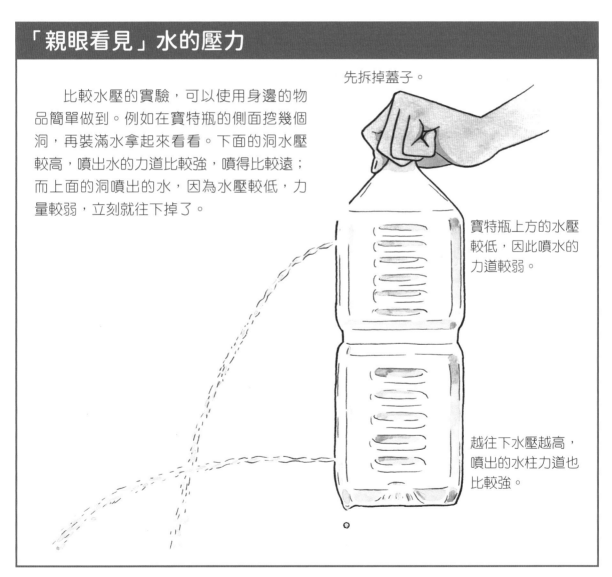

寶特瓶上方的水壓較低，因此噴水的力道較弱。

越往下水壓越高，噴出的水柱力道也比較強。

作用於深海研究船的力

深海的底部承受著巨大的壓力。為了能夠潛入深海承受這個壓力，需要足以耐住這股水壓的裝置。

探索海洋之謎的「深海6500」

「深海6500」是目前世界上能夠潛水最深的深海調查船（可以載人下潛至水深6500公尺處）。它所進行的研究有地球形成、地球歷史、從海底湧出的熱水、海底資源，以及深海生物等等。

由鈦合金製成的直徑2公尺的球，內部壓力為1大氣壓，可以搭乘3人。

平衡槽

需要下沉時在這裡加水；需要浮出海面時則排水。

螺旋槳

SHINKAI6500

重物

機械手臂

用於採集深海生物或海底岩石等物品。

可以搭乘三人的駕駛房間為直徑2公尺的球，表面由厚度73.5公厘的鈦合金製造而成。即使受到680大氣壓也不會被壓壞。

浮力材

為了平衡整艘船的重量，船身內部會放進浮力材。它比海水輕而不會被壓壞。

球的內部壓力保持在1大氣壓。因為如果承受和外面一樣的氣壓，人就會被壓得像仙貝一樣扁了。

可以從觀察窗看見外面的狀況。

海中每加深 10 公尺，水壓會增加約 1 大氣壓。深度爲 6500 公尺的海水，四面八方所受的壓力爲 680 大氣壓。

在平衡槽加水裝載重物時，船的重量比浮力大，船就會以每分鐘約 40 公尺的速度在海中下沉。拋棄重物時，浮力則會比船的重量大，船就會往上浮起。

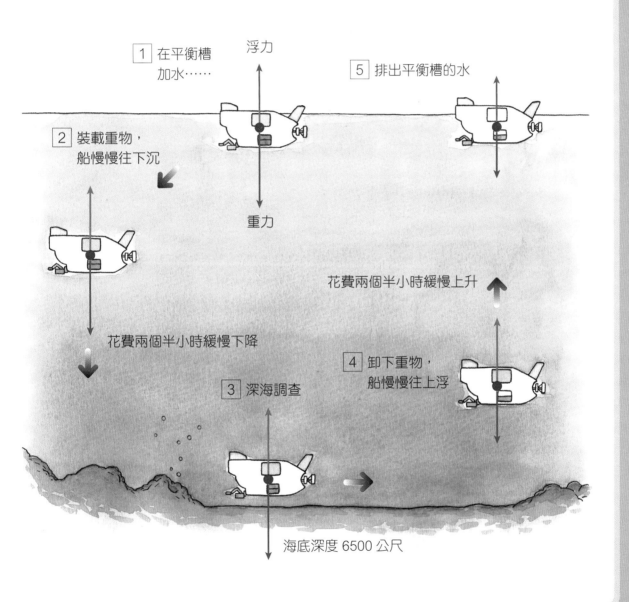

1 在平衡槽加水……

浮力

5 排出平衡槽的水

2 裝載重物，船慢慢往下沉

重力

花費兩個半小時緩慢上升

花費兩個半小時緩慢下降

4 卸下重物，船慢慢往上浮

3 深海調查

海底深度 6500 公尺

作用於船的波浪力量

海上的大浪不僅會使船隻上下左右搖晃，也會在船隻承受波浪的部分產生很大的浮力作用。因此船隻須有足以承受這種力量的設計。

→ 浮力
→ 重力

縱搖

船頭和船尾交互上下顛簸。

橫搖

左右搖晃。

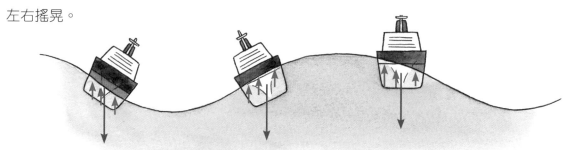

當船的兩端受到大浪沖擊時，整艘船會被抬起。此時，浮力只會在船的兩端起作用，在船中央起作用的則是向下彎曲的力量；當大浪沖擊船中央時，只有中央的部分會發生浮力的作用。

波浪的力

因強風而形成的海洋大浪，能夠移動沉重的船隻，給予船隻強大的力量。因為地震等原因而發生的海嘯，則因為波幅較大，在湧上海岸時會造成巨大的災害。

利用波浪力量的「波浪能發電」，則是一種引人注目的新能源。

地震與海嘯

被稱為「板塊」的海底岩盤若急劇變化，在海底引發大型地震，可能會引起海嘯。

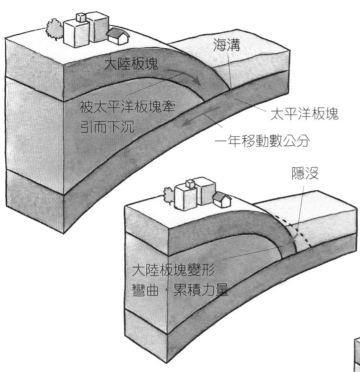

大陸板塊

被太平洋板塊牽引而下沉

海溝

太平洋板塊

一年移動數公分

隱沒

大陸板塊變形彎曲，累積力量

被稱為「太平洋板塊」的太平洋海底岩盤（海洋板塊），每年向日本靠近數公分。太平洋板塊隱沒至大陸板塊下方，這裡的海也越來越深。受到下沉的太平洋板塊的牽引影響，大陸板塊的前端也一起下沉。經過漫長歲月，大陸板塊前端因變形而累積力量，某一天就會導致板塊回彈，發生巨大海溝型地震。這股力量會傳向正上方的海水，引發海嘯。

發生海嘯

板塊回彈

海嘯的波幅（波長）很大，因此當海嘯湧上陸地時，海面看起來就像隆起一樣。在海岸附近會形成較高的波浪，大量海水快速流動，湧入陸地。這種流動有時甚至能移動或破壞陸地上較大的物體。

波浪能發電

利用波浪的升降運動或水平運動來發電。現在航路標識用的浮標電源，使用的是 100W 的波浪能發電機。

發電機

浮筒

最近已開發出利用波浪的晃動作為驅動，直接發電的高效率波浪能發電機。如果能夠進一步開發成大規模的發電，或許也可以供電給一般家庭使用。

用水管澆水

在家裡幫庭院的花草樹木澆水時，只要稍微用點小技巧，就能讓水噴到很遠的地方。

光是拿著水管，水不會噴太遠。如果用手指按住水管的末端，縮小出口，就能把水噴到很遠的地方。這時水管會變硬，出口處的水壓也變高了。

試著按住正在流水的水管，會發現水管非常柔軟。

用手指堵住水管的末端時，水管會變硬。

水壓（水的壓力）很低。

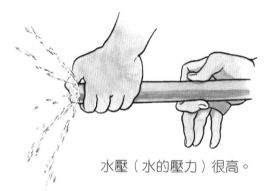

水壓（水的壓力）很高。

噴濺水的力

出口的水壓越高，水就會噴得越遠。流經細水管內的水，因為受摩擦力（水的微弱「黏性」造成的阻力）的作用，水壓下降，所以噴得不遠。當我們用手指按住水管收窄出口時，等量的水要通過變小的開口，流速變快，壓力變大。因此，水就會從水管的末端強力噴出去。

噴泉的水向上噴出

公園水池中噴得很高的噴泉，該怎麼讓它噴得更高呢？

要讓噴泉的水噴得很高，有兩個方法。
第一個方法如右圖所示，先把水抽取到位於高處的儲水槽裡，再一口氣往下壓。利用水本身的壓力（水壓），讓水向上噴。
第二個方法如下圖所示，借助幫浦的力量增加水的壓力，並使用粗自來水管送水。因為噴泉出口的部分較窄，又受到高水壓的推動，噴泉的水就會噴得很高。

雖然機制很簡單，但要使用這個方法，還是需要把水抽取到高處，或是設置稍大規模的設備，來儲存抽來的水。

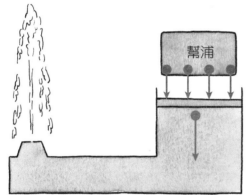

幫浦

這個方法就不需要很大的設備。但是，可能會花費用來運轉幫浦的電。

受到摩擦的影響

水流經過自來水管或水管時，會受到水流相反方向的摩擦力作用，讓水的壓力逐漸下降。相同壓力下的水在流動時，管徑越細、越長，摩擦力就越大，出口的壓力會下降，導致出水的力道減弱。

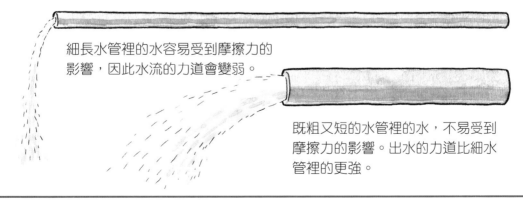

細長水管裡的水容易受到摩擦力的影響，因此水流的力道會變弱。

既粗又短的水管裡的水，不易受到摩擦力的影響。出水的力道比細水管裡的更強。

沉重的鐵船可以浮起來的原因

鐵的密度大於水，因此鐵板在水中會沉下去。然而，如果是薄鐵板製成的空心箱子，就可以浮在水上。這是因為鐵箱的重量和被推開的水產生的浮力達成平衡。

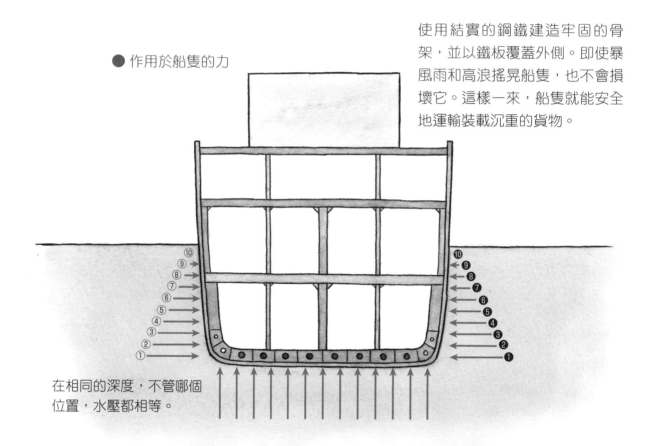

● 作用於船隻的力

使用結實的鋼鐵建造牢固的骨架，並以鐵板覆蓋外側。即使暴風雨和高浪搖晃船隻，也不會損壞它。這樣一來，船隻就能安全地運輸裝載沉重的貨物。

在相同的深度，不管哪個位置，水壓都相等。

例如在同深度的①和❶、②和❷，因為從船的左右兩方施加的力量大小相等，作用於橫向的力就被抵銷了。於是，只剩從底部向上推的力量，把船往上推。這就是水的「浮力」。因為向上推的力與海面到船底之間的水的重量相等，所以「浮力」的大小就等於船隻排開的水的重量。

作用於船隻的浮力與推力

所謂的「浮力」，是指船隻受到的向上作用力，其大小等於船隻排開的水的重量。

這個「浮力」與船隻的重量平衡，讓船能夠漂浮。船隻透過旋轉螺旋槳把水向後推，再從這些水的反作用力，獲得往前進的「推力」。

螺旋槳的作用

船的後方裝設了螺旋槳，螺旋槳在水中轉動時，水就會被往後推，再藉由反作用力造成的推力，讓船前進。

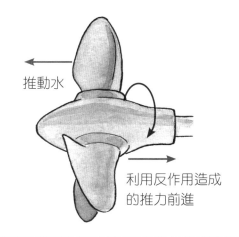

推動水

利用反作用造成的推力前進

測量大象重量的少年

古代中國的魏朝時代（2～3世紀左右），有一位名叫武帝的王。他收到南方國家送的一頭大象，訝異於大象巨大的體型，他下令「找人來測量這頭大象的重量」。但是當時並沒有秤能夠測量如此沉重的大象的重量。後來，一位名叫曹沖的少年想出了這個方法：

首先把大象放在船上，在船沒入水的地方（水面的位置）做記號。然後再卸下大象，這次裝載米袋之類的貨物，直到船下沉至標記處為止。最後再逐一測量每件貨物的重量，合計即可算出答案。他利用的原理是，水作用於船隻以及所有裝載在船上的貨物的浮力，去推算重量。

空船浮在水上。

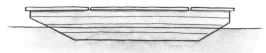

載著大象的船會下沉，並在水面的位置做記號。

做記號

卸下大象，裝載米袋之類的貨物，直到船沒入水面至標記處為止。

測量每一件從船上卸下的貨物重量。合計重量就等於大象的重量。

發現浮力的阿基米德

古希臘時期有一個叫敘拉古的國家，其國王希倫二世命令某位商人製作了一頂純金王冠。國王委託阿基米德：「請你檢驗這頂王冠是否真的如同我訂製的要求一樣，由純金製成。」阿基米德想了很久，但仍找不到好辦法。因此他打算休息一下，出門前往城裡的公共浴場。當他泡進裝滿熱水的浴缸時，浴缸的熱水「嘩啦」一下溢了出來。據說阿基米德看到這個畫面，大喊著「我知道了！我知道了！」從浴缸裡跳出來，忘情地裸跑回家。

阿基米德用了什麼方法，檢驗王冠是否真的由純金打造？

阿基米德（西元前 287 年～ 212 年左右）是古希臘的科學家、數學家、天文學家，也是發明家。除了發現這個「浮力」以外，他也推導了「槓桿原理」，提出了「球與圓柱的表面積和體積的計算法」。

阿基米德想出的檢驗方法

阿基米德一開始製作了與王冠重量相同的金塊和銀塊，接著，分別把它們放入裝滿水的容器中，測量溢出的水量。放入銀塊時，溢出的水比放入金塊時還多。

如果王冠是純金製成的話，溢出的水量應該與放置金塊時相同。

可是，實際測量的結果是，放王冠溢出的水量比放金塊時還多。也就是說，王冠的成分還有純金以外的物質，阿基米德就是這樣識破了商人的偷工減料。

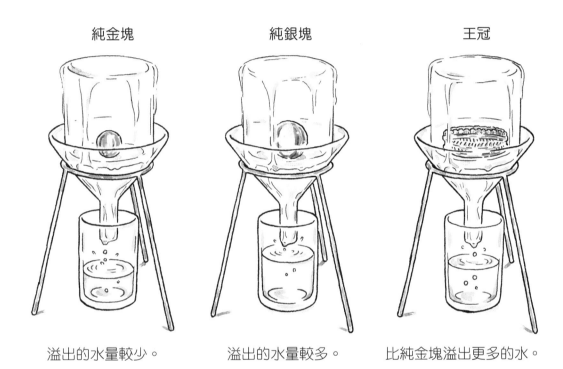

純金塊   純銀塊   王冠

溢出的水量較少。   溢出的水量較多。   比純金塊溢出更多的水。

無論王冠、金塊、銀塊的外型如何，只要用這個方法都能輕鬆檢驗。阿基米德從這個方法進一步發現了「浮力」。

水中物體所承受的浮力，
等於作用於該物體所排開的相同體積水的重力——
此現象稱爲「阿基米德原理」。

水車的種類

水車自古以來被用於碾米、製作麵粉、汲水等場合。在坡度小而水量豐沛的河川，就會如右圖所示，把水車的下層浸入流動的河水中，利用水的流動來帶動水車轉動。此外，也有從河川上游之類的地方，用導水管引水，讓水流入水車的上方並帶動旋轉的水車運轉方式。

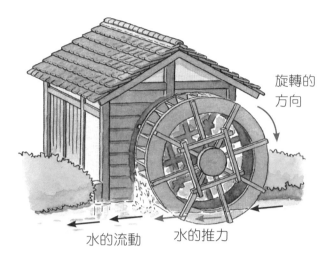

旋轉的
方向

水的流動　水的推力

➡ 採用從上方引流方式的水車，請見第 37 頁的介紹。

用於水力發電的水車

水力發電是利用水從高處往低處落下時的力量，來帶動水車轉動，並使用這個水車的力量驅動發電機。適用於各種場所的水車，設計也不同。

●帕耳頓水輪機

水流

從噴嘴噴出強勁的水流，衝擊在碗狀的扇葉上，使扇葉旋轉。使用於水位落差（水位高處與低處之間的差距）很大的發電廠。

●法蘭西斯水輪機

轉輪
（扇葉）

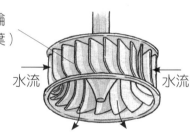

水流　　水流

利用水衝擊稱為「轉輪」的葉輪來帶動旋轉。由於水位落差大小對這種機器的使用影響不大，因此日本有大約七成的水力發電廠使用這個類型的設備。

●螺旋槳渦輪機

轉輪
（扇葉）

水流　　　水流

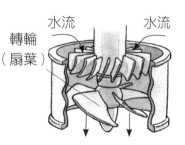

外型很像船的螺旋槳。使用於水位落差比較小，且水流量大的發電廠。扇葉的角度有固定式和可變式兩種。

轉動水車的水力

水從水車上方流下時，重力作用會帶動水車旋轉。水流流入水車時，如果水車下方的部分被水流淹沒，水流的力量就會轉動水車。水力發電廠的水車，會根據該場所的水位落差、水量等情況使用適合的設備。

水力發電廠

發電廠的建造方式會因為水庫所在地形,以及流經該處的河水量等因素不同而不同。

水庫式發電廠

在河川的坡度小,水量多的地方,利用水壩攔截水流形成落差,並在其下方設置發電廠。即使落差小,因為水量充沛,也能夠大量發電。

水路式發電廠

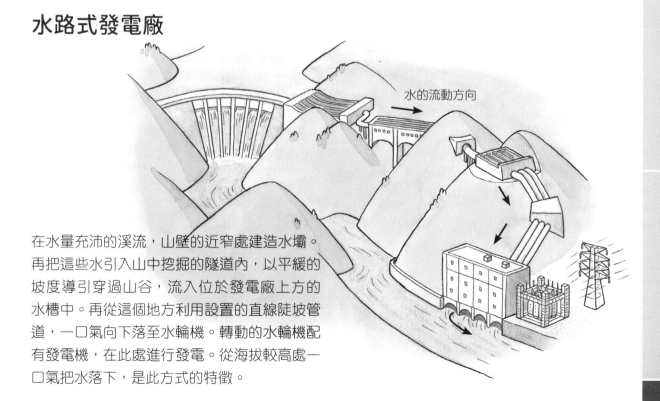

在水量充沛的溪流,山壁的近窄處建造水壩。再把這些水引入山中挖掘的隧道內,以平緩的坡度導引穿過山谷,流入位於發電廠上方的水槽中。再從這個地方利用設置的直線陡坡管道,一口氣向下落至水輪機。轉動的水輪機配有發電機,在此處進行發電。從海拔較高處一口氣把水落下,是此方式的特徵。

表面張力形成水滴

當我們嘗試稍微轉開自來水的水龍頭，水就會從出水口慢慢流出，最後變成水滴。
之所以會變成水滴，就是因為水有「表面張力」。

所謂的「表面張力」，是指盡可能縮小表面的力量。在相同體積的狀況下，
表面積最小的形狀是球形，因此液體全部會盡可能形成球狀。水滴會變圓，
也是這個原因。

這也是表面張力

觀察裝滿水杯的水，會
發現表面有點凸起。

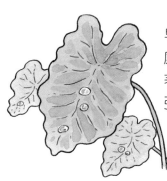

早起的時候，來觀察早晨
庭院的花草吧。葉子上附
著的小水滴，是因為表面
張力形成的。

表面張力

水之類的液體盡可能縮小其表面的力
量，就稱為「表面張力」。例如早晨
在葉子的表面可以看到水滴，或是掛在自來水水龍頭的一滴水滴，都是因為這個
「表面張力」所致。此外，水黽能夠站在水面上，靠的也是「表面張力」的作用。

行走水面的水黽

雨後的水窪上，啊，是水黽！牠用兩條短前腿和四條長後腿用力站在水面上。仔細一看，腳下方的水面有微微凹陷，就像是踩在橡膠薄膜上一樣。牠用正中央的兩條腿蹬水面，四處滑行走動。

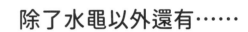

仔細觀察水黽在水面上的樣子，會發現牠們的腳和水面接觸的地方有稍微凹陷。這是因為水黽的腳上長了防水的細毛，所以水黽的腿不會沾水（如果不防水的話，水黽就會沉下去）。而凹陷的水面則會產生回推的力量。水黽正是利用這個力量才站在水面上的。

除了水黽以外還有……

其實除了水黽以外，還有很多東西可以「站在」水面上。
例如媽媽縫紉用的縫針，還有讓人意想不到的……一元硬幣！
只要是又輕又不易被水沾溼的物體都能辦到，用各種不同物體來做實驗也很有趣喔！

肥皂水的魔力

那麼，如果把水黽踩著的水面加入肥皂水，會怎麼樣呢？肥皂水會廣布水和空氣之間，形成薄薄一片覆蓋水的表面。這層薄膜會抵抗水的表面張力，試圖擴大表面。因此，加了肥皂水的水，表面張力會變小。這樣一來，就算是再輕巧的水黽也會沉下去。

一些沒有加肥皂的水倒進杯子裡，用吸管吹氣就會產生泡泡，但很快會消失。但是，如果溶進肥皂或加入一滴廚房的清潔劑，泡泡就會越來越多且不易消失，還可以吹出肥皂泡泡。肥皂水的魔力不只有洗滌而已。

第3章

搭乘交通工具
所受的力

我們每天會搭乘各種交通工具。交通工具不只有自行車、汽車、捷運、火車、飛機、船，還有飛到太空的人工衛星、潛到深海的深海探查船。讓我們來想一想，搭乘交通工具時所受的力吧。遊樂園的遊樂設施會讓這個力變大，讓遊客享受刺激的快感。

緊急煞車　正在運動中的物體，希望一直保持運動。

原本正在高速行駛的電車，緊急煞車停下來。但是，乘客並不知道出了什麼事。他們會和之前一樣往前進（慣性定律），身體被迫繼續往前推進。這種情況下，若是嬰兒車沒有煞車，就會不受控制往前方車廂的方向衝出去，這樣可危險了。

➜ 關於「慣性定律」，請見第 16 頁。

往這個方向前進的電車緊急煞車 →

慣性力

往這個方向前進的汽車緊急煞車 →

汽車的情況也一樣。緊急煞車以後，乘坐的人會被往前推。如果沒有繫安全帶的話，就會非常危險。

慣性力

正在奔馳的電車緊急煞車時，乘客會繼續往前進，因此身體會有被往前推的感覺。這種持續往前進的力量稱為「慣性力」。不僅是持續前進，也有持續靜止的力量，這些都是「慣性力」。

突然出發　靜止的物體，希望一直保持靜止。

這次換成突然出發，因為乘客以為電車還沒動，原本一直待在原處。而這時電車突然開始向前進，乘客的身體就會像被往後推一樣，這個也是「慣性力」之一。沒有煞車的嬰兒車這次會開始向後移動，十分危險。

往這個方向突然出發 →

慣性力

如果站在車站月台上看

即使電車突然出發，站立搭乘的乘客還是想維持在原本的所在位置。因為吊環和腳會跟著電車一起前進，所以乘客感覺身體就像被向後推。

如果站在月台上，從電車外面看這個現象，乘客的身體就像是被向後甩。

奔馳的電車轉彎

電車從直線軌道進入彎道時，乘客會因為「慣性定律」直線往前進。因此乘客會被往外側方向推，身體傾斜。所謂的「離心力」指的就是這種推力。

外側

行進方向

電車向左轉時，乘客會被推往行進方向的右側。

離心力

電車或汽車駛入彎道時，乘客會被推往外側方向，身體也往外側傾斜。這是稱為「離心力」的力造成的。身體會隨著「慣性」想要沿直線跑，然而交通工具在轉彎，感覺就像被人推了一把。「離心力」會隨著曲線的弧度越大、交通工具的速度越快而越大。

 關於「慣性力」請見第 86、92 頁，關於「慣性定律」請見第 16 頁。

離心力總是會往彎道的外側方向發生作用,當交通工具速度加快,或急轉彎時,離心力的作用就更大。緊急情況發生時,站立的人如果沒有抓住吊環就會很危險。

外側

行進方向

電車向右轉時,乘客會被推往行進方向的左側。

汽車也一樣,在急轉彎時,乘坐的人會被強力推向彎道的外側。速度太快的話,離心力的作用就更強,可能有方向盤失控或是橫向滑行的危險。

➡ 關於「離心力」,第 90 頁也有說明。

來找「離心力」吧！

只要稍微留意觀察，就會驚訝的發現「離心力」正在我們生活周遭的各種地方發生作用。

離心力

重力

轉動的方向

離心力　重力

轉動的方向

在水桶裝水，試著使勁揮動水桶。雖然水桶沒加蓋，但是轉到正上方倒過來的時候，水也不會灑出來。這是因為水被離心力強壓在水桶底部。比起重力的作用，強壓水的力量更大，所以水不會灑出來。

離心力

重力

這次試著轉動溼雨傘。離心力會作用在雨傘上的雨滴上，於是雨滴會往外側集結飛出去。

旋轉的方向

雨天的時候，汽車或自行車會把馬路上的雨水和泥巴往後濺起，這也和離心力有關。

旋轉的方向

離心力發生作用的情況有一個共通點，
那就是「正在轉動」。
物體轉動的速度越快，
發生的離心力就越強。

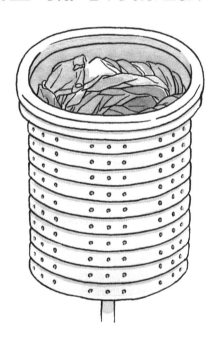

洗衣機配備的脫水機也是利用離心力的原理。帶有孔洞的水槽強力旋轉時，離心力就會作用在溼答答的水洗衣物上，把它們往水槽壁面推壓。此時，同樣被往壁面推壓的水，就會從水槽孔向外噴出。

速度很快的自行車在進入彎道時，騎行者的身體和自行車都會被往外側推，造成差點倒下的樣子。這也是離心力影響所致。
進入彎道後，身體和自行車都要朝內側傾斜，以防被離心力往外側推壓，才能又穩定又順暢地轉彎。

去遊樂園時，可以看到許多利用離心力的遊樂設施。請找一找有哪些設施吧。
此章節開頭的畫面裡也有許多利用離心力的遊樂設施，你發現了嗎？

在電梯裡量體重

體重並不是在所有空間和時間都一樣。家用體重計的機制,是利用彈簧來測量重量。我們可以利用它,嘗試在電梯裡量體重。

上樓

煞車時
向下的重力被向上的慣性力抵銷一些,體重會比平常輕。
電梯完全停止時,慣性力消失,體重就恢復正常。

以等速上升
慣性力不起作用,只有向下的重力起作用,因此體重和平常一樣。

開始上升
慣性力和重力都向下作用,因此兩者相加,總重量就變重了。

下樓

開始下降
由於向下的重力被向上的慣性力抵銷一些,體重會比平常輕。

以等速下降
慣性力不起作用,只有向下的重力起作用,因此體重和平常一樣。

煞車時
慣性力和重力都向下作用,因此兩者相加,總重量就變重了。

彈簧式體重計可以測量重力和慣性力的總和。慣性力的大小和方向改變時,合計的數值也會跟著改變,因此測量出的體重也會隨之變重或變輕。

重力與慣性力

乘坐工具上下垂直移動時,「重力」的作用維持不變;另一方面「慣性力」只有在開始發動與停止時發生作用,在以固定速度持續運動時則不起作用。

 關於「重力」請見第 24、26 頁,關於「慣性」請見第 16、86 頁。

在火箭裡量體重

火箭猛烈上升時，體重計指針的晃動程度是地面上的好幾倍。
為什麼會這樣呢？

汽車發車開始加速的時候，會有反方向的作用力，把人體推向座椅。這與被稱為「加速度」的速度變化有關。加速度的力量，只要速度差越大就越大。火箭裝載了非常大的引擎，急遽加速，因此反方向的作用力也非常巨大。據說飛向宇宙的火箭，施加的慣性力是原體重的五倍左右。

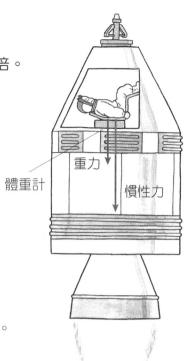

重力

慣性力

體重計

慣性力 ⬆️●⬇️ 重力

好了，出發前進！
因為還沒有開始，體重和平常一樣。

逐漸往下掉的時候，速度越來越快，身體會感覺好像浮起來。因為慣性力和重力互相抵消，所以體重計在開始落下的瞬間歸零。

如果搭遊樂園的
自由落體可以量體重的話

改變方向時，「離心力」發生作用。
離心力起作用的時候，會因為角度變化讓體重有細微的變化。

高度的變化消失時，只有重力在上下的方向上起作用，因此體重恢復正常。

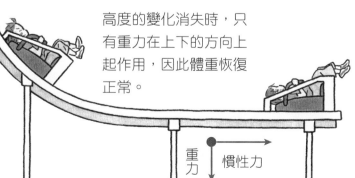

煞車停下。此時乘坐的人會被慣性力推向前進的方向。體重不變。

重力 ⬇️ 慣性力 ➡️

搭乘交通工具的感覺

待在即使以時速幾百公里移動的飛機或新幹線裡面,也幾乎感覺不到速度,可以和在靜止的地上一樣活動。為什麼會沒有感覺呢?

在飛機中走路

飛機起飛離開機場,到達高度 1 萬公尺,朝目的地直線前進,開始以 1000 公里的時速飛行。當安全帶指示燈熄滅時:

咖啡杯和雜誌,都以 1000 公里的時速在天空上移動。可是,其他的物體,例如人和飛機中的空氣,也都以相同的速度和方向移動。這種時候,即使飛機再怎麼加速,乘客的感覺仍然和沒有移動時完全一樣。

飛機上掉了糖果。因為糖果掉到正下方的地板上,所以可以立刻撿起來。如果從飛機外面看的話,這顆糖果就是以 1000 公里的時速向前進。

以相同速度直線前進的交通工具,
和在此交通工具中的所有物體,都會一起移動。
因此,乘客感覺就和在地上生活一樣。

新幹線以300公里的時速前進

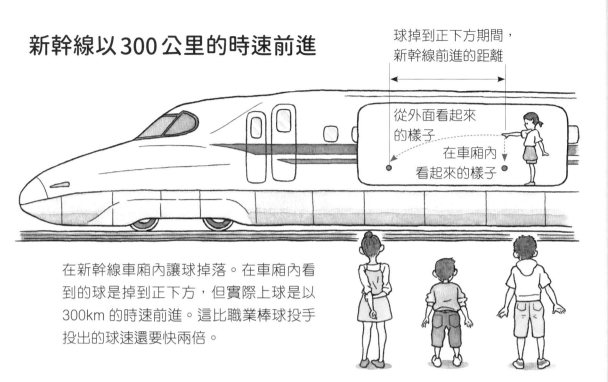

球掉到正下方期間，
新幹線前進的距離

從外面看起來
的樣子

在車廂內
看起來的樣子

在新幹線車廂內讓球掉落。在車廂內看到的球是掉到正下方，但實際上球是以300km 的時速前進。這比職業棒球投手投出的球速還要快兩倍。

地球也是大型的交通工具

地球自轉時，在赤道上以 1600km 的時速向東旋轉，同時以 110000km 的時速繞著太陽公轉。因為地球很大，繞著太陽轉的軌道也非常大，所以從人類的角度來看，自轉和公轉的感覺比起旋轉，更像是直線前進。在這樣的地球上生活，我們感覺地面是靜止不動的。

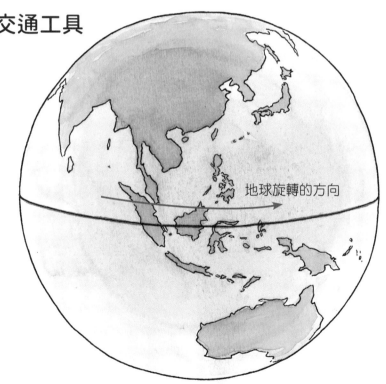

地球旋轉的方向

在太空船裡太空漫遊

因為沒有重量，即使漂浮也不會掉下來，也可以倒立。

如果踢太空船的牆壁

人的重心會持續直線前進，在重心的周圍可以活動手腳，也可以彎曲身體，一旦開始轉動就停不下來了。

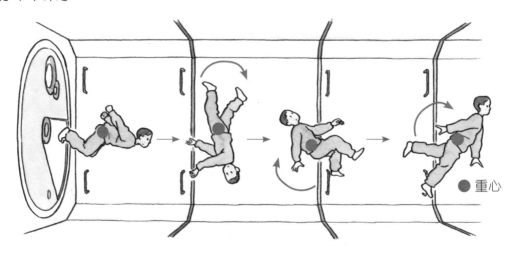

● 重心

無重力

繞著地球轉的人造衛星，同時受到遠離地球的「離心力」和被地球吸引的「重力」作用，兩種力量大小相同且方向相反。因為這兩種力量互相抵消，所以乘坐其中的人或物體沒有重量（處於無重力狀態）。

 關於「重心」，請見第 33 頁。

太空船中的不倒翁

在太空船裡把不倒翁 ❶ 放在地板，會怎麼樣？ ❷ 輕輕拋出去，會怎麼樣？ ❸ 稍微轉一下再輕輕拋出去，會怎麼樣？

❸

❷

❶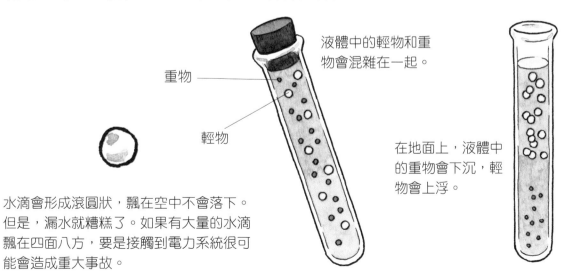

答案　❶ 躺下並維持此狀態沒辦法站起來。但可以倒立。
　　　❷ 重心會以同樣速度直線前進。直線前進且不會晃動。
　　　❸ 重心會以同樣速度直線前進。但是看起來搖搖晃晃。

混雜而不下沉

在太空船裡面，重的物體不會下沉，液體中的輕物和重物會混雜在一起。

利用這一點，就能製造地面上無法製造的材料或藥品。

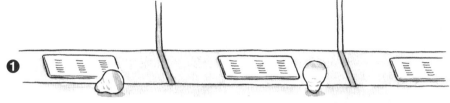

液體中的輕物和重物會混雜在一起。

重物

輕物

在地面上，液體中的重物會下沉，輕物會上浮。

水滴會形成滾圓狀，飄在空中不會落下。但是，漏水就糟糕了。如果有大量的水滴飄在四面八方，要是接觸到電力系統很可能會造成重大事故。

雲霄飛車上的力學實驗

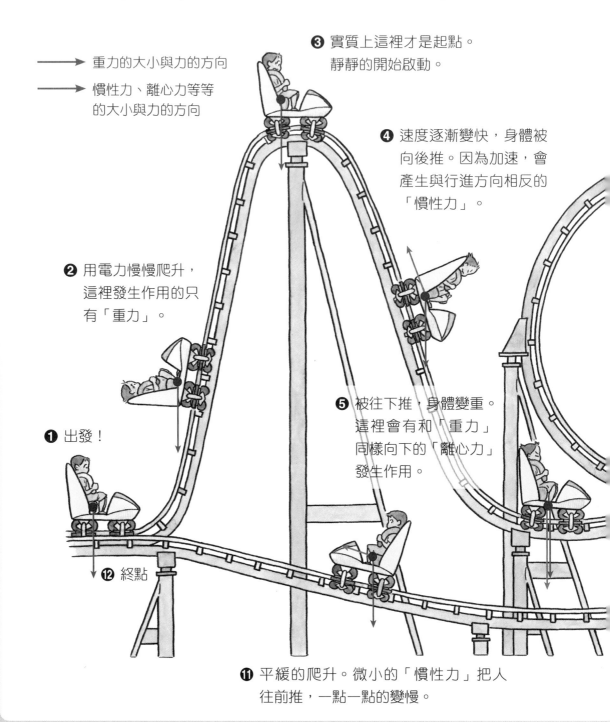

圖例說明：

→ 重力的大小與力的方向

→ 慣性力、離心力等等的大小與力的方向

❸ 實質上這裡才是起點。靜靜的開始啟動。

❹ 速度逐漸變快，身體被向後推。因為加速，會產生與行進方向相反的「慣性力」。

❷ 用電力慢慢爬升，這裡發生作用的只有「重力」。

❶ 出發！

❺ 被往下推，身體變重。這裡會有和「重力」同樣向下的「離心力」發生作用。

⓬ 終點

⓫ 平緩的爬升。微小的「慣性力」把人往前推，一點一點的變慢。

遊樂園有許多可以體驗慣性力、離心力的遊樂設施。在這些設施當中，讓我們來看看搭乘雲霄飛車能夠體驗到的各種力吧！

❻ 彎道會有向上的「離心力」發生作用。因為「離心力」的作用比「重力」大，即使頭朝下也不會掉下來。

❽ 到達彎道的頂點。「離心力」讓身體感覺快要浮起來。

❼ 速度逐漸變慢，身體被往前推。這裡發生作用的是繼續前進的「慣性力」。

❾ 這次是橫向的彎道。「離心力」會把身體往外側推。

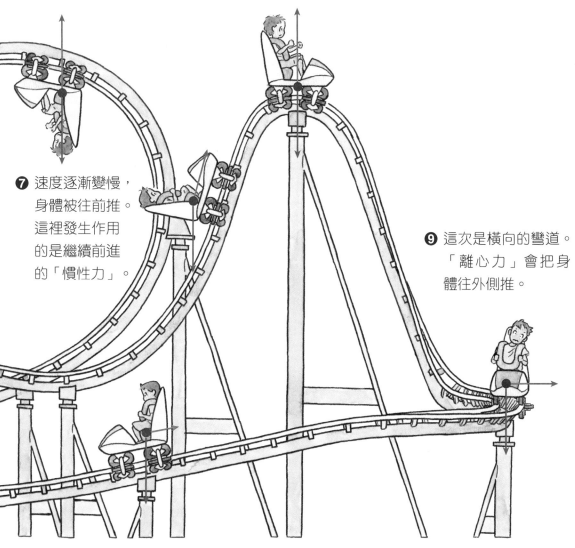

❿ 平緩的下坡。微小的「慣性力」把人往後推。

第4章

燃燒
獲得的力

水煮沸後就會變成蒸氣。蒸氣的體積比水的要大很多，密閉空間內的蒸氣推壓周圍物體的力量（壓力）也非常強大。人們利用這股力量，製造出各種發揮力量的機器。從蒸汽機開始，各種引擎接連問世，豐富了人類的生活。而且，現在人們仍在繼續努力，善用燃料來產生力量。本章節我們來追溯和探究人類智慧與努力的軌跡。

傳統的煮水壺

熱水煮開時會冒出大量蒸氣，抬起水壺的蓋子。但是，蓋子並不會飛起。
當蒸氣排出，蓋子就會被重力牽引又落下。蓋子一落下，蒸氣又會再抬起
蓋子。反覆進行此過程，蓋子就會發出「喀嗒喀嗒」的聲響。

比較水壺的外型

● 傳統的煮水壺
這裡開了一個小孔

蓋子設計得易於鬆動，
蓋子上有小孔，蒸氣會
從這個孔排出。
熱水煮沸後，蒸氣推力
變強，只透過小孔已經
不夠排出氣體，就會把
蓋子抬起來。

● 現今的笛音壺

壺嘴裝了笛子，熱水煮
沸的時候會發出聲音

蓋子不易拆卸，也沒
有孔洞。這個構造讓
水壺的蒸氣只會從壺
嘴排出。
因為只有一個出口，
所以蒸氣的推力會集
中在此處。這股強大
的力量會吹響笛子。

蒸氣的力

在水壺裝水後開火加熱，加熱的水沸
騰，結果變成蒸氣。水壺內部密閉的
蒸氣，想要跑到開闊的地方，就會擠壓水壺的壺壁，推開蓋子。這股力量非常強
大，甚至能抬起物體。

發出聲音的笛音壺

熱水一煮開，就會發出「嗶——」的聲音。為什麼會發出聲音呢？只要仔細觀察煮水壺的壺嘴處，就能解開這個謎題，因為壺嘴裝了笛子。拆下這個笛子再試著煮開熱水會怎麼樣？煮水壺的壺嘴會強勁噴出蒸氣，而這些蒸氣就是笛聲響起的原因。

比較蒸氣排出的管道

即使裝進煮水壺的水量不一樣，蓋子也依然會發出「喀嗒喀嗒」的聲響嗎？
讓我們試著改變裝入的水量，實驗看看吧！

●水很少的時候　　　●水很多的時候

蒸氣從這裡只排出一點點

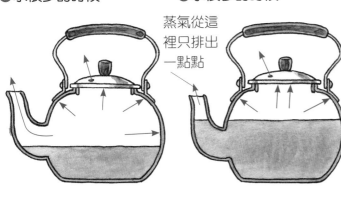

水很少的時候，蒸氣不僅會從蓋上的小孔排出，也會從煮水壺的壺嘴向外排出。因為力量分散，推開蓋子的力量就沒那麼強，我們就聽不太到聲音。水多的時候，水占用了壺嘴的空間，蒸氣排出的管道就縮減了。即使如此，蒸氣還是會設法排出，因此蒸氣會強力推動蓋子，造成水壺發出劇烈的「喀嗒喀嗒」聲響。

如果加熱密閉空間的空氣……

把加熱後的空氣注入扁掉的熱氣球，氣球就會逐漸膨脹。因為加熱後的空氣比較輕，熱氣球就會浮起來。

如果空氣沒有任何排出的管道，那加熱後的空氣會怎樣呢？讓我們用球做實驗來試著想一想。球中的空氣沒有排出的管道，如果把球加熱的話，會發生什麼事呢？

因為空氣洩出，橡皮球就凹扁了。

這時候，可以試著把扁掉的球放進熱水中，球內部的空氣就會被加熱，因為這個空氣沒有排出的管道，空氣的體積和壓力都會增加，球就會膨脹起來。

問題是從熱水中拿出球以後，裡面的空氣降溫一陣子，球又會恢復原狀。

空氣受熱後的力

空氣受熱後，體積會增加。當注入空氣的物體大小是固定的時候，物體膨脹得越來越大，空氣就會強力推壓四周的壁面，使內部的壓力逐漸增大。

 關於「熱氣球」的詳細介紹，請見第 67 頁。

用寶特瓶製作噴泉

要不要試著利用加熱後的空氣會膨脹的特點,設計各種玩具呢?這裡介紹利用寶特瓶製作簡單的噴泉。

準備物品
● 寶特瓶
● 黏土
● 鑽孔的工具
● 水桶

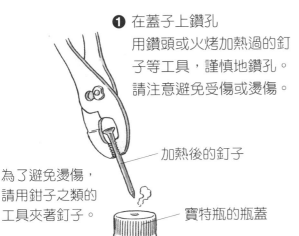

❶ 在蓋子上鑽孔
用鑽頭或火烤加熱過的釘子等工具,謹慎地鑽孔。請注意避免受傷或燙傷。

加熱後的釘子

為了避免燙傷,請用鉗子之類的工具夾著釘子。

寶特瓶的瓶蓋

黏土

❷ 用吸管穿過孔洞
為了避免空氣從瓶蓋和吸管的縫隙洩漏,請用黏土填充密封。

❸ 在寶特瓶裝入水至三分之一左右,再轉緊瓶蓋。

把寶特瓶放進裝了溫水的水桶中,水就會從吸管口噴出!

根據裝入寶特瓶的水量多寡,噴水的方式也會不一樣。
請試試看各種不同水量吧。

把推力轉換為往復運動

為了從地下深處汲水，需要能夠上下運作的裝置。17 世紀末，英國的發明家湯瑪斯・紐科門（Thomas Newcomen）為了抽取礦山湧出的水，利用蒸汽機製造了幫浦。

● 紐科門設計的蒸汽機

❶ 一開始開啟蒸氣閥。
　接著由鍋爐產生的高壓熱蒸氣進入汽缸，把活塞向上推。活塞一上升，槓桿的橫梁往左降，幫浦棒就會進入井中。

紐科門的蒸汽機利用蒸氣的力量造成的上下運動、槓桿原理製造而成。槓桿右側掛著活塞；左側則掛著汲水的幫浦棒。

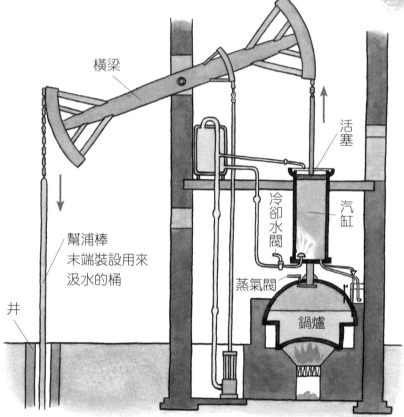

橫梁

幫浦棒
末端裝設用來
汲水的桶

井

活塞

冷卻
水閥

汽缸

蒸氣閥

鍋爐

❷ 之後蒸氣閥關閉，冷卻水閥打開。
　冷卻水會從汽缸下方噴出，汽缸內部的蒸氣冷卻後成水，缸內的壓力變小，活塞被大氣壓力推壓下降。橫梁往左上升，裝在幫浦棒末端的桶就會汲水。

橫梁一分鐘會做 12 次往復運動。

蒸汽機

鍋爐煮沸熱水製造出的熱蒸氣力量非常強大，即使是又大又重的物體也能驅動。使用這股被加熱後變熱的蒸氣力量，來驅動活塞進行往復運動的機器，就稱為「蒸汽機」。

瓦特的設計

紐科門設計的蒸汽機如果不冷卻汽缸，活塞就不會上下運動。而且，當下一輪的蒸氣進入冷卻後的汽缸時，大部分的熱能會被汽缸吸收浪費掉。因此，同為英國發明家的詹姆斯・瓦特（James watt）想出辦法改良了紐科門的裝置設計。

瓦特改良的地方有兩處：把汽缸的蒸氣入口改為上下兩處；在汽缸的外側設置名為「冷凝器」（Condenser）的容器，把用過一次的蒸氣送進此容器中。

● 瓦特改良過的蒸汽機運作機制

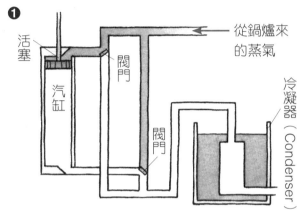

❶ 活塞在上面的時候，調整閥門讓鍋爐來的蒸氣從上側進來。

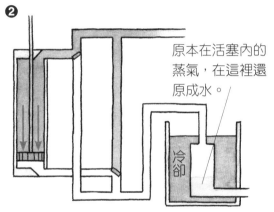

❷ 接著用蒸氣的力量把活塞往下推。在活塞下方的空氣，就會被推往冷凝器。

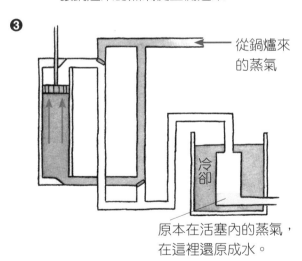

原本在活塞內的蒸氣，在這裡還原成水。

❸ 活塞降到下面時，閥門就會反向開啟。這次則會從下方放進蒸氣，把活塞往上推。原本在活塞上方的蒸氣，會通過別的管子被推往冷凝器。

瓦特改良後的這套系統，可以讓汽缸內部保持高溫，也讓冷凝器維持低溫狀態。因為汽缸不需要反覆加熱，效率就大幅提升了。

完成實用的蒸汽機

瓦特進一步改良了蒸汽機，使蒸汽機不光用來汲水，也成為能夠廣泛使用的一般原動機。此外，在把蒸氣送進汽缸時，他還設計了自動調節蒸氣量的調速器（Governor）等裝置，從而完成了延用至今的實用蒸汽機。

蒸汽火車頭的運作機制

蒸汽火車頭可以拉動客車或貨車，載送乘客和各種貨物。有的甚至能夠奔馳拉行重達 2400 噸的物品。

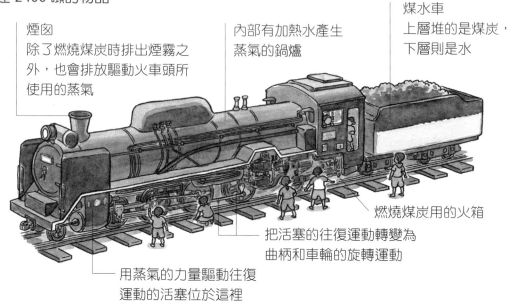

煙囪
除了燃燒煤炭時排出煙霧之外，也會排放驅動火車頭所使用的蒸氣

內部有加熱水產生蒸氣的鍋爐

煤水車
上層堆的是煤炭，下層則是水

燃燒煤炭用的火箱

把活塞的往復運動轉變為曲柄和車輪的旋轉運動

用蒸氣的力量驅動往復運動的活塞位於這裡

用大鍋爐製造蒸氣

驅動火車頭的力量來源，是製造蒸氣的大鍋爐。

高溫燃燒的氣體通過的管道

水

火箱

汽缸

活塞

煤炭在火箱中燃燒，會產生高溫燃燒的氣體（溫度高達 1500℃）。燃燒的氣體通過鍋爐中的管道，管道周圍的水藉由氣體的熱度轉為約 200℃的蒸氣。蒸氣的壓力為 15 大氣壓。這些蒸氣穿過煙霧，升溫至 400℃，在汽缸內推動活塞。

從往復運動轉為旋轉運動

在汽缸中的活塞進行的是往復運動。這個狀態並無法驅動火車，因此要使用曲柄（主連桿）將往復運動轉變為旋轉運動。

製造前後運動的汽缸與活塞

當氣閥桿前後運動時，蒸氣就會隨之被送入汽缸的前後。蒸氣的力量使活塞前後運動。

● 汽缸的內部

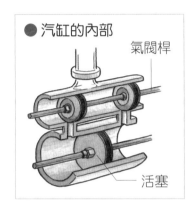

氣閥桿

活塞

● 活塞的動作

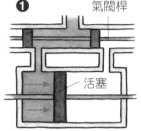

❶

氣閥桿

活塞

❶ 氣閥桿往左移動，蒸氣會從左側入口進來，推動活塞。活塞被蒸氣推動而向右移動。

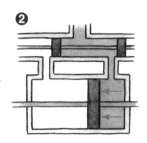

❷

❷ 氣閥桿向右移動，蒸氣會從右側入口進來，推動活塞。活塞被蒸氣推動而向左移動。

把前後運動轉變為旋轉運動的曲柄

蒸汽火車頭的車輪，以曲柄連接了汽缸內的活塞。曲柄的運動帶動了車輪的旋轉運動。

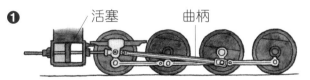

❶ 活塞   曲柄

活塞的位置在正中央。曲柄則向右下降。

❷

活塞往右端走。曲柄呈水平，車輪就會如箭頭所示旋轉。

❸

活塞來到左側。曲柄的右邊往上升，帶動車輪繼續轉動。

以 D51 型蒸汽火車頭為例，汽缸的直徑為 55 公分。蒸氣進入汽缸，推動活塞前後運動。汽缸左右各有一個活塞。推壓活塞的壓力為 15 大氣壓。

由此可計算出，推動一個活塞所需的推力為 360000N，這等於舉起約 36000 公斤（36 噸）重物所需的力量。因為有兩個汽缸，合計就是舉起 72 噸重物的力量。以 72 噸的力量推動活塞，可以拉動重達 2400 噸的列車。

風與風車

實驗用風吹風車，很難讓兩個風車一起轉動。

用風吹一個風車

一吹到風，風車就開始轉動。風吹到風車的葉片上，會改變風向。

用風吹兩個風車

在第一個風車正在旋轉的時候，試著把第二個風車和第一個面對面（第二個風車的葉片要折成與旋轉方向相同）。這時位在下風的風車就會停止旋轉。再把第二個風車的葉片折成與旋轉方向相反，嘗試和第一個風車面對面，兩個風車就會都轉起來。

吹到風車上的空氣，會形成和葉片旋轉方向相反的氣流。因此，兩個折法相同的風車面對面，會造成空氣穿過葉片的間隙，第二個風車就不會轉了。

蒸汽渦輪機

所謂的渦輪機，是指高溫、高壓的蒸氣猛烈流入葉輪，讓軸旋轉的裝置。因為蒸氣直接使葉輪旋轉，減少浪費，能夠產生強大的力量。

用蒸氣轉動渦輪機

以強大的力量旋轉，渦輪機上裝了許多葉片。
每片葉片的朝向都經過設計，以免干擾其他葉片的旋轉。

靜葉片　動葉片（第一個葉輪）　（第二個葉輪）

→ 蒸氣的流向

↻ 軸的旋轉

最初的葉輪開始轉動後，為了防止軸停止旋轉，需要在第二個葉輪前面，建造改變蒸氣方向的通道。當流向改變的蒸氣衝擊到第二個葉輪時，第二個葉輪就會受到相同方向的升力。
※ 以蒸氣旋轉的葉片稱為「動葉片」；改變蒸氣流向的通道稱為「靜葉片」。

發電使用的渦輪機

火力發電或核能發電，都是利用運轉蒸汽渦輪機來發電。它會使用煤炭或石油燃燒、或鈾的核分裂時產生的能量來加熱水，產生蒸氣驅動渦輪機。發電所使用的渦輪機，如下圖所示，非常大。

第一艘搭載蒸汽渦輪機的船

世界第一艘搭載蒸汽渦輪機的船是杜賓娜號（Turbinia），於 1894 年完工。它利用蒸汽渦輪機的旋轉，帶動螺旋槳前進。此渦輪機的壓力約為 10 大氣壓，在當時的船當中，能夠以最高速度 34.5 節（約時速 60km）行駛。

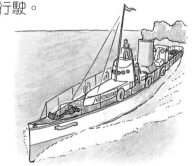

被關在注射器裡的空氣

汽缸內的空氣受到擠壓時被加熱，會產生強大的力量把活塞推回去。汽油引擎也利用與此相同的原理運轉。

❶ 在內有空氣的注射器末端裝上橡膠塞，並將活塞壓緊。這會擠壓汽缸中的空氣，使之變成高壓的空氣。只要一放開壓住的手，活塞就會回到原來的位置。因為汽缸中的空氣會推動活塞。

❷ 和第 104 頁填充空氣的球一樣，試著把內有空氣，末端裝上橡膠塞的注射器加熱。這時汽缸中的空氣會膨脹，被加熱的空氣就會推動活塞。

利用燃料的爆炸

● 汽油引擎的運作機制

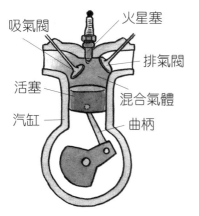

吸氣閥
火星塞
排氣閥
活塞
混合氣體
汽缸
曲柄

由活塞和汽缸組成的上下運動，利用曲柄轉換為旋轉運動。

現在大部分的汽車使用汽油引擎驅動。和蒸汽火車一樣，引擎也裝設了汽缸和活塞，用活塞的上下運動產生力。唯一不同的是，汽油引擎利用燃料汽油爆炸時產生的巨大力量來運轉。

混合燃料的空氣（混合氣體）被送入汽缸中，並抬起活塞擠壓。被擠壓後變成高溫的混合氣體，用火星塞點火時，汽缸內會發生汽油爆炸。在這短短的瞬間，產生了高溫又高壓的燃燒氣體。這個高溫又高壓的燃燒氣體，會強力推動活塞。

汽油引擎中用來引爆的火星塞。

產生火花的地方。這裡會引發雷電。

汽油引擎

混合空氣與燃料燃燒時，會產生高溫又高壓的燃燒氣體。以這個氣體的力量驅動活塞的裝置，就是汽油引擎。因為不用製造蒸氣，減少了浪費。此外，即使是小型汽缸，也能產生巨大的力量。

汽車的引擎
裝在哪裡呢？

汽油引擎的運作

汽油引擎會在汽缸中反覆進行這四個過程：❶ 吸氣、❷ 壓縮、❸ 膨脹、❹ 排氣。

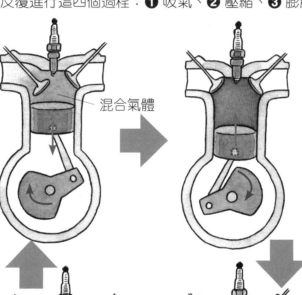

❶ 吸氣
關閉排氣閥，開啟吸氣閥。轉動曲柄降下活塞時，空氣和燃料的混合氣體就會進入汽缸。

混合氣體

❷ 壓縮
關閉吸氣閥，轉動曲柄把活塞往上推，壓縮混合氣體。汽缸中變成高溫狀態。

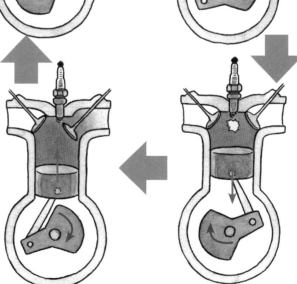

❹ 排氣
開啟排氣閥。轉動曲柄把活塞往上升起，排出燃燒氣體（燃燒過的混合氣體）。

❸ 膨脹
利用火星塞的火花使混合氣體爆炸。氣體會驚人的膨脹，把活塞往下推。

如上所述一邊重複四個行程，一邊運轉的引擎，被稱為「四行程循環引擎」。

汽油引擎的極限

燃料越被壓縮，爆炸時推動活塞的力量就越強。可是，越被壓縮溫度也越高，超過某個溫度後，就會自然起火。如果發生了不合火星塞點火時機的爆炸，產生的力量就會不足。

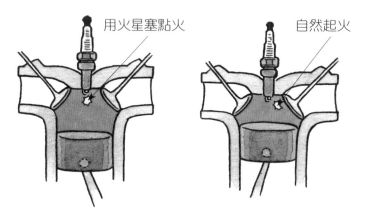

用火星塞點火　　　　　自然起火

如右圖所示，曲柄的位置若發生自燃起火，就會和使用火星塞點火的時機發生分歧。有時候甚至反而會產生反向旋轉的力量。如果起火的時機不固定，就無法有效率的傳導力量。

產生更大的力量

●柴油引擎的運作機制

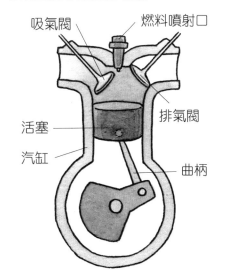

吸氣閥　　　燃料噴射口

活塞

汽缸

排氣閥

曲柄

柴油引擎巧妙利用了壓縮引起的自然起火，來燃燒燃料。汽缸內部所受的壓力，比汽油引擎更高，能夠產生更大的力量。

柴油引擎和汽油引擎不同，一開始只把空氣吸進汽缸中，並壓縮升溫。再把霧狀的燃料往這裡噴射，就會自動點火燃燒，產生巨大的驅動力。

柴油引擎

基本的運作機制和汽油引擎差不多，但提高了活塞所受的壓力造成升溫，並在恰好的時機讓燃料自然點火。因為引擎力量巨大，除了用於卡車、拖車、鐵路火車頭等交通工具以外，也會用於船。

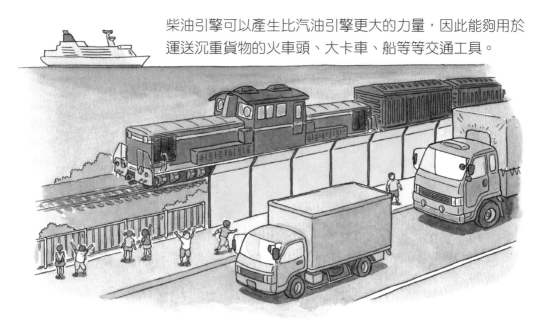

柴油引擎可以產生比汽油引擎更大的力量，因此能夠用於運送沉重貨物的火車頭、大卡車、船等等交通工具。

汽缸越大，就能產生越大的力量。假設汽缸內部的壓力相同，如果汽缸的大小擴大至 2 倍，就可以產生 4 倍的力量。船舶的引擎很龐大，汽缸直徑長達 90cm，活塞運作範圍約 3m。也有的引擎配備 12 個汽缸，合計能輸出高達 7 萬馬力（約 5 萬千瓦）以上的力。

柴油引擎的運作

柴油引擎也和汽油引擎一樣，會反覆進行這四個過程：❶ 吸氣、❷ 壓縮、❸ 膨脹、❹ 排氣。

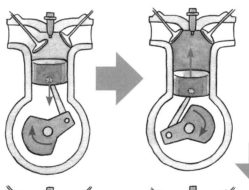

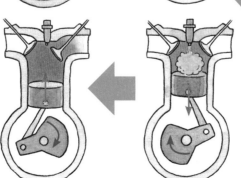

❶ 吸氣
把空氣吸進汽缸內。

❷ 壓縮
壓縮空氣，被壓縮的空氣變成高溫狀態。

❹ 排氣
活塞往上升起，把燃燒過的氣體推出汽缸。

❸ 膨脹
往汽缸內的高溫、高壓空氣噴射霧狀的燃料。內部會引發自然點火，燃燒混了空氣的燃料，膨脹的氣體把活塞往下推。

急速的飛上天

膨脹的氣球只要一離開手，就會急速的飛上天。因為氣球內密閉壓縮的空氣，集中在窄口處（噴嘴），形成巨大的力量。噴射引擎和火箭引擎也是利用與此相同的原理，獲得巨大的推力。

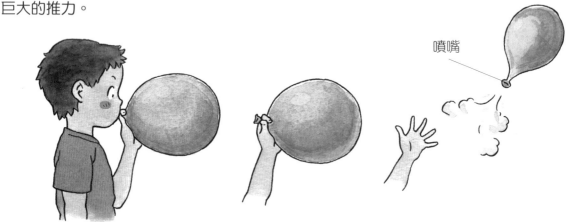

噴嘴

運送大量物體和人的力量

現在的大型飛機幾乎都使用噴射引擎飛上天。因為噴射機比螺旋槳飛機的速度更快，而且龐大的機身可以運送大量的人和貨物。

噴射客機裝載了 2 ～ 4 座噴射引擎，可以運送幾百位乘客，以接近音速（時速 1225km）的速度飛行。此外，巨大的機身也能裝載許多燃料，加油一次就能飛很遠。

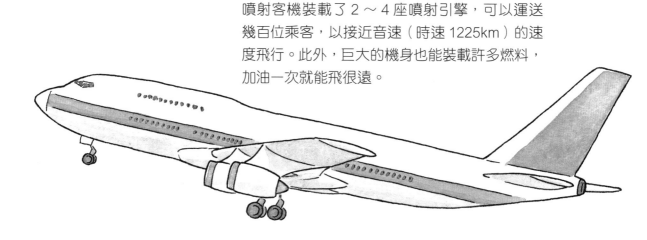

噴射引擎

噴射引擎會把高溫且高壓的燃燒氣體向後噴出同時前進。氣體被噴出造成的反作用力會推動機身前進。噴出的氣流越強勁，就有越大的力量推動機身快速前進。

噴射引擎的運作機制

和汽車使用的引擎一樣，噴射引擎也是重複吸氣→壓縮→膨脹→排氣的過程來獲得推力。
只不過運作機制有點不同。

●噴射引擎的構造

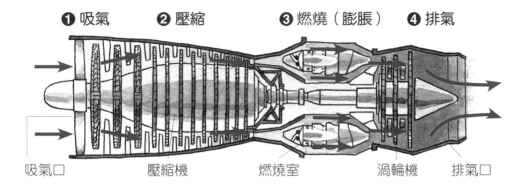

❶ 吸氣　　❷ 壓縮　　❸ 燃燒（膨脹）　　❹ 排氣

吸氣口　　　　壓縮機　　　　　燃燒室　　　　　渦輪機　　　排氣口

❶ 吸氣：轉動風扇，吸進空氣。
❷ 壓縮：壓縮吸進來的空氣。
❸ 膨脹：混合燃料與壓縮的空氣燃燒，形成高溫、高壓的燃燒氣體。
❹ 排氣：把變成高溫、高壓的燃燒氣體，噴射到壓力低的大氣中。

分別處理四件事

汽車的引擎是在一個空間內依序處理四件事，因此要完成四件事才產生一次力的燃燒。相對於此，噴射引擎則如上圖所示，四個步驟各有專用的空間執行，四個空間可以同時連續處理各自固定的工作。因為能夠連續進行產出力所需的燃燒，即使是小型引擎也能不浪費並得到高輸出功率。

● 汽車的引擎

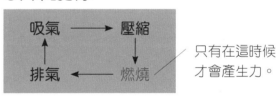

只有在這時候才會產生力。

在一個空間中依序處理四件事。

● 噴射引擎

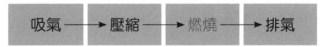

在四個空間中同步處理四件事，能連續產出力。

螺旋槳引擎與噴射引擎

相對於螺旋槳引擎會把入口的空氣直接排出，噴射引擎則是先在內部燃燒一次，再把膨脹後的氣體噴出。因為壓力很高，使用噴射引擎能夠高速前進。

螺旋槳引擎會把接收到的空氣直接排出。

噴射引擎會讓空氣在內部燃燒，再把膨脹後的氣體排出。

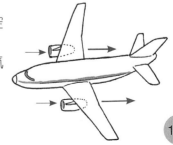

火箭引擎的運作機制

火箭裝載了燃料，以及用來燃燒燃料的「氧化劑」，再把燃燒後的高溫、高壓氣體噴射出去。直接把噴射的能量當作推力。

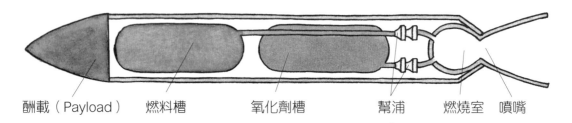

酬載（Payload）　　燃料槽　　　　氧化劑槽　　　　幫浦　　燃燒室　噴嘴

火箭的燃料主要使用液態氫。此外，因為太空沒有空氣，必須準備氧氣來點燃燃料。因此裝載了液態氧作為用來產生氧氣的「氧化劑」。火箭重量的 90% 是燃料和氧化劑。酬載（例如人造衛星、探測機之類要運到太空的物體）則收納在火箭的頂端部位。

● **燃燒**

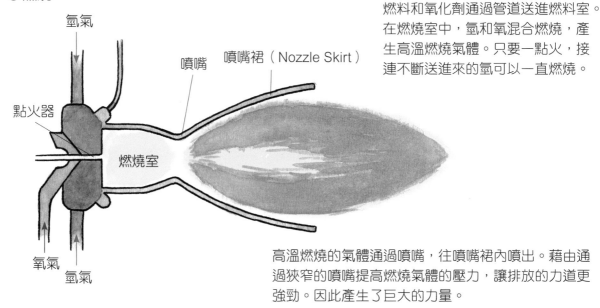

燃料和氧化劑通過管道送進燃料室。在燃燒室中，氫和氧混合燃燒，產生高溫燃燒氣體。只要一點火，接連不斷送進來的氫可以一直燃燒。

高溫燃燒的氣體通過噴嘴，往噴嘴裙內噴出。藉由通過狹窄的噴嘴提高燃燒氣體的壓力，讓排放的力道更強勁。因此產生了巨大的力量。

火箭引擎

火箭引擎的運作機制基本上和噴射引擎一樣。只是，沒有空氣的太空中，無法燃燒物體。因此，除了燃料以外，火箭還裝載了用來燃燒燃料的氧。所使用的燃料也和噴射引擎有些不同。

火箭的構造

下圖是日本製造的 H-IIA 火箭的構造圖。仔細看會發現，整體的三分之二是裝載燃料和氧化劑的空間。

H-IIA 火箭

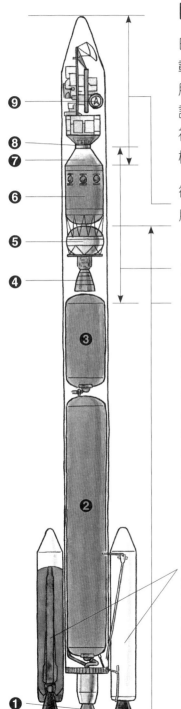

日本生產的大型火箭。裝載兩節式火箭引擎，除了用於發射人造衛星外，也計畫參與前往國際太空站補給物資。全長 53m，機身直徑長 4m。

衛星整流罩
用來儲存發射衛星的地方

第 2 節

第 1 節

❶ 第 1 節主引擎
❷ 第 1 節液態氫儲存槽
❸ 第 1 節液態氧儲存槽
❹ 第 2 節引擎
❺ 第 2 節液態氧儲存槽
❻ 第 2 節液態氫儲存槽
❼ 副衛星
❽ 衛星分離部
❾ 主衛星

為了在發射固體火箭助推器的最初階段，獲得強大的推力，使用固態燃料引擎作為輔助引擎。H-IIA 火箭會根據發射的衛星大小等條件的不同，安裝 2 個或 4 個固態燃料火箭。

飛上太空的設計

要把大型機體運送到太空，需要更大的推力。要獲得巨大的推力，需要大型引擎，也需要裝載大量的燃料。這樣一來機體就會變得太重，效率不佳。為了解決這個矛盾，火箭的引擎分離成好幾節。一開始用強大的力量起飛，有動力之後就可以脫離，切換成小型引擎，從而獲得更有效率的推力。

火箭的燃料

火箭的燃料大部分使用液態氫。混合氫氧就會發生爆炸，產生巨大的力量。這就是把巨大機體運送到遙遠太空的原動力。

另外，燃料也可使用煤油（Kerosene）。雖然用煤油比用液態氫的速度慢，但能夠獲得強大的推力，也能使用較小的燃料儲存槽。

人類第一次登陸月球所用的美國「農神五號」火箭，裝載的引擎類型就是後者。此外，也有的火箭並非使用液態燃料，而用固態燃料（火藥和合成橡膠等）。優點是更便宜，且管理簡單，又能得到更大的輸出功率。缺點是一旦點火，就會用到所有燃料燒盡為止。

不燃燒就能運作的引擎

什麼是「離子」

物質由看不見的微小粒子聚集而成，這些微小粒子稱為「分子」。這些分子還可以進一步分成更小的粒子，稱為「原子」。原子由正中央帶有正電的「原子核」，和圍繞原子核周圍的幾個輕「電子」（帶有負電）組成。

一般來說，原子核的正電荷數和電子的負電荷數相等，互相平衡呈電中性。例如，氫各有 1 個正電荷和負電荷。而氧則各有 8 個正電荷和負電荷。如果正電荷和負電荷相等，互相抵銷後的電力為 0。

如果可以從原子取走 1 個電子，被拿走電子的原子，正電荷就比較多。像這種帶電狀態的原子，就稱為「離子」。

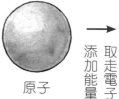

原子　　添加能量　取走電子　　正離子和負電子

離子引擎的運作機制

離子引擎使用的推進劑，一般是名為「氙」的氣體。它具有 54 個正電荷和 54 個電子。從儲存槽中釋放出來的氙氣，在離子生成部被稱為微波的電波撞擊，產生帶有正電荷的離子。帶有正電荷的離子會穿過柵極 1 的孔洞噴出，被吸往變成負電極的柵極 2。離子在柵極 1 到柵極 2 之間被加速，再通過柵極 2 的孔洞。

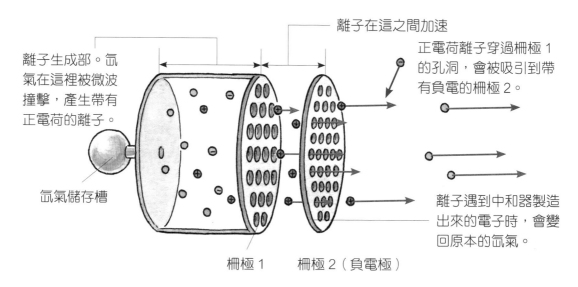

離子生成部。氙氣在這裡被微波撞擊，產生帶有正電荷的離子。

氙氣儲存槽

離子在這之間加速

正電荷離子穿過柵極 1 的孔洞，會被吸引到帶有負電的柵極 2。

離子遇到中和器製造出來的電子時，會變回原本的氙氣。

柵極 1　　柵極 2（負電極）

120

行星探測器「隼鳥號」

「隼鳥號」是世界上首架從月球以外的天體上，取到樣本帶回地球的探測器。
「隼鳥號」裝載了四台離子引擎。

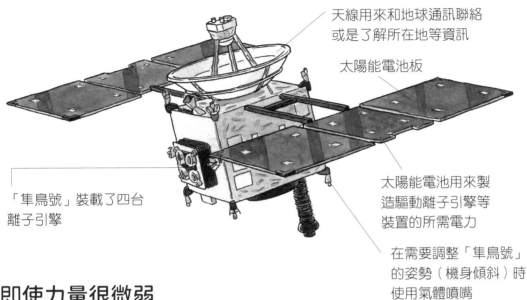

天線用來和地球通訊聯絡
或是了解所在地等資訊

太陽能電池板

太陽能電池用來製
造驅動離子引擎等
裝置的所需電力

「隼鳥號」裝載了四台
離子引擎

在需要調整「隼鳥號」
的姿勢（機身傾斜）時
使用氣體噴嘴

即使力量很微弱

離子引擎的推力非常小。每一台裝置的推力，大概等於在地球上的一元硬幣（約 1g）
所承受的重力。可是，在沒有空氣的太空中，不會產生摩擦，又距離地球之類的行星
很遙遠，幾乎不受重力的影響。因此，即使是些微的力量長時間也會發生作用，可以
速度很快的移動。

「隼鳥號」同時使用了三台離子引擎，時速甚至可以高達 8000 公里。

離子引擎是把原子轉換爲離子，

帶電的離子加速向後噴出。

利用和噴出方向相反的反作用力，

讓衛星往前進。

它不需要燃燒燃料（引起爆炸）。

第5章

電力、磁力

本章節讓我們一起來思考常用的電力、
磁力吧。正電和負電會互相吸引，磁鐵
的 N 極和 S 極也會互相吸引；而同性的
電和磁極則會互斥。用細銅線連接電池
的正負極，就會有電力流通，這就是電
流。電流流經線圈，線圈就變成電磁鐵。
磁鐵在線圈中移動則會形成電流。馬達
和發電機，就是利用這些特性運作的。

確認靜電

一張墊板

請準備一張墊板。

試著先直接放在頭上再移開。

這時不會有任何變化。

接著嘗試用墊板摩擦頭再移開。

這次頭髮就會豎起來被吸到墊板上。

這就是產生靜電的證據。

直接放在頭上

那麼，試著摩擦頭

試著移開墊板

……什麼都沒發生。

試著移開墊板

靜電力

當兩種不帶電的物體互相摩擦時，各自會帶著正電和負電。此時產生的電稱為「摩擦電」。摩擦電在產生後，一陣子會靜止不動，也被稱為「靜電」。

會帶正電還是負電呢？

物體經過互相摩擦，可能變成帶正電或負電。只是，物體會帶哪一種電似乎有某種傾向。也就是說，物體分為容易帶正電，以及容易帶負電的。

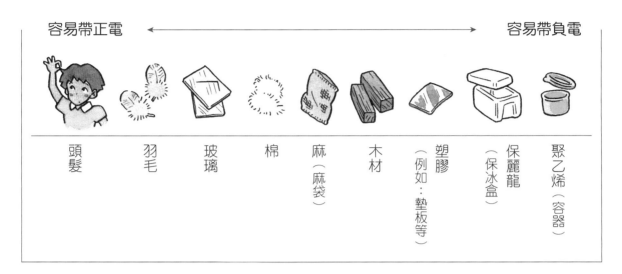

容易帶正電 ←──────────────────────────→ 容易帶負電

頭髮　羽毛　玻璃　棉　麻（麻袋）　木材　塑膠（例如：墊板等）　保麗龍（保冰盒）　聚乙烯（容器）

頭髮和墊板互相摩擦時，墊板會帶負電，頭髮則帶正電。

試著摩擦看看

發生靜電會引起怎樣的反應呢，來試驗看看吧。

嘗試用面紙摩擦兩根吸管，然後互相靠近，會發生什麼事？

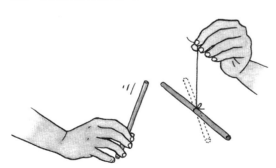

答案：互斥。

嘗試用毛巾摩擦吸管，然後把吸管靠近流出細流的水龍頭，結果會怎樣？

答案：積存在吸管上的靜電，會讓水流被吸往吸管而彎曲。

請大家再試著互相摩擦更多不同的東西吧！

在生活周遭的磁鐵

環視我們的生活周遭，會發現很多地方都用到磁鐵。
例如廚房，媽媽經常會在冰箱門上貼計畫表。

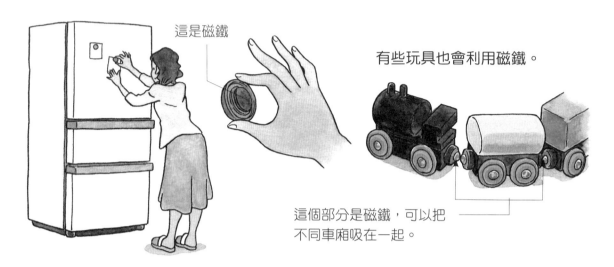

這是磁鐵

有些玩具也會利用磁鐵。

這個部分是磁鐵，可以把
不同車廂吸在一起。

磁鐵有各種形狀和材質。
不管哪一種磁鐵，都具有把鐵或其他磁鐵吸過來的力量（磁力）。

鐵磁體磁鐵

釹磁鐵

磁棒

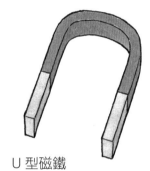

U 型磁鐵

鋁鎳鈷合金磁鐵

鐵磁體磁鐵、釹磁鐵、鋁鎳鈷合金磁鐵都是以材質
命名的磁鐵；磁棒、U 型磁鐵則是以形狀命名的磁
鐵。這些磁鐵即使不施加任何力量，也永遠具有磁
力。像這種磁鐵稱為「永久磁鐵」。

磁力

磁鐵有 N 極和 S 極兩個極（磁極），具有吸引鐵等物質的
特性。不同磁鐵互相靠近時，相異的極之間會產生吸引的
力量，同極之間則會有排斥的力發生作用。使用強力的磁鐵，甚至可以吊起人或
更重的物體。利用磁鐵互相吸引和排斥的力量，可以製造出各種工具。

試試看吧

試著拿磁鐵靠近各種物品吧。例如窗框、門把、圖釘、罐子（裝咖啡、裝果汁、或裝其他東西的罐子）、眼鏡、曬衣夾、自行車、玩具車、公園沙坑的沙子⋯⋯

研究看看磁鐵會吸過來的東西，就會發現，
它們一定是富含鐵質或類似鐵性質的物體。

用磁鐵玩遊戲

嘗試靠近兩塊磁鐵。當一方的 N 極和另一方的 S 極靠近時，磁鐵會相吸；而 N 極和 N 極、S 極和 S 極靠近時，磁鐵則會互斥。雖然只是想像的，但如果有巨大又強力的磁鐵，或許能玩下圖這樣的遊戲。

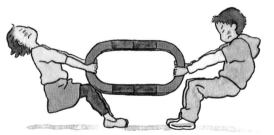

利用互斥的力量，玩磁鐵的推攻相撲

利用相吸的力量，玩磁鐵的拔河

兩塊磁鐵靠得越近，相吸或互斥的力量就越強。

親眼確認磁場

磁場本身無法用肉眼看見。

我們可以做一個簡單的實驗，來確認磁場是如何發生作用的。

把磁鐵放在公園沙坑之類的地方，磁鐵就會吸附名為砂鐵的鐵粉。把砂鐵蒐集起來，來做確認磁場的實驗吧。

把薄紙放在磁鐵上，並均勻撒上砂鐵。此時砂鐵會被吸往有磁力的地方，呈現排列成線狀的紋路，這些線就稱為「磁力線」。

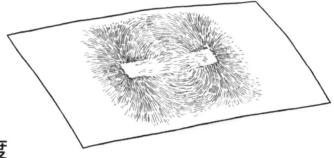

磁場的方向與強度

磁力線從 N 極出發往 S 極的方向走，磁場的方向和磁力線的方向一樣。此外，磁場的強度與磁力線的間隔有關：磁力線密集的地方磁場比較強；而磁力線稀疏的地方磁場比較弱。

● 磁鐵的磁場

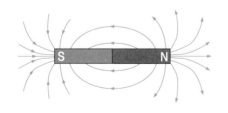

磁棒兩端的磁極附近，磁力線很密集，也就是磁場很強的意思。

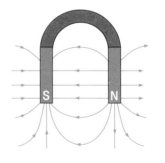

U 型磁鐵的兩極互相比鄰，相鄰的 N 極和 S 極之間，磁場幾乎是平行作用的。

磁場

雖然眼睛看不見，但磁鐵的周圍，在 N 極與 S 極之間確實有力正在發生作用。這股看不見的力所作用的空間就稱為「磁場」。呈現磁場樣貌的是「磁力線」，從 N 極出發往 S 極的方向走。

● 以立體方式看磁場

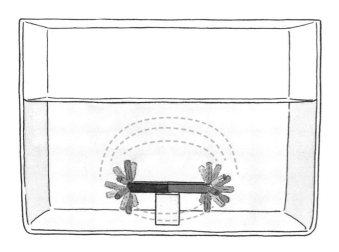

把磁棒放在裝了水的水槽中，再試著放入剪成短線的金蔥鐵絲。金蔥鐵絲會被磁鐵吸附，宛如畫出橢圓形的弧線。

地球是大磁鐵

我們生活的地球，整個星球就是一塊大磁鐵。指南針之所以總是指向固定的方向，就是因為地球這塊磁鐵和指南針彼此吸引。

北極

南極

地球這塊磁鐵，在北極附近有 S 極，在南極附近則有 N 極。

指南針（Compass）

把指南針放在手掌上，試著朝向各種方向，會發現磁針一定會指向固定的方向。這是因為指南針的 N 極被地球的 S 極吸引。

指南針是距今約一千年前在中國被發明的。這對當時的航海發展有巨大貢獻。例如，在太平洋和大西洋的正中央，周圍並沒有任何可以當作地標的物體。哥倫布能夠「發現」美洲大陸，也是依靠指南針判斷自己朝哪個方向走才是正確的。

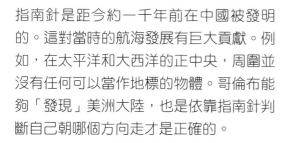

電磁鐵的運作機制

把銅線繞圈捲成螺旋狀，稱為「線圈」。線圈中插入鐵芯（鐵棒）再通電，鐵芯就會像磁鐵一樣，吸引鐵之類的金屬。

● 作用於電磁鐵的磁力

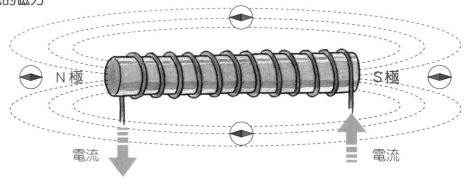

N極　　　　　　　　　　　　　　　　S極

電流　　　　　　　　　　　　　　　電流

來做電磁鐵吧！

把吸管套在釘子上，再從一邊開始仔細捲上漆包線。

準備的物品
●漆包線（約 1 公尺）
●乾電池
●粗鐵釘
●吸管
●砂紙

為了讓電流順利流通，把漆包線的兩端用砂紙磨過，並將此部分連接乾電池的兩極。

迴紋針被吸到釘子上！

電磁力

把線圈捲在鐵芯上通電後，就會產生和磁鐵一樣的磁力。這稱爲「電磁鐵」。和「永久磁鐵」不同，「電磁鐵」的力只要電流停止就會消失。此外，調換電流的正負極時，電磁鐵的 N 極和 S 極也會隨著調換。

磁鐵和電磁鐵

使用親手做的電磁鐵,來做幾個磁鐵和電磁鐵的實驗吧。

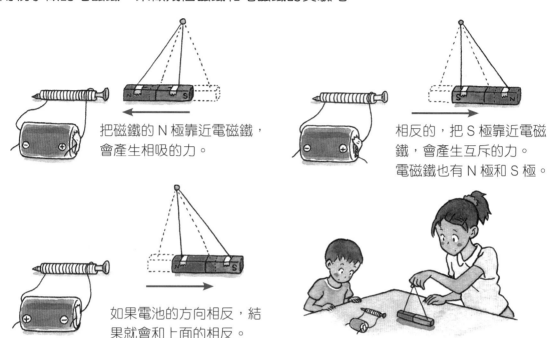

把磁鐵的 N 極靠近電磁鐵,會產生相吸的力。

相反的,把 S 極靠近電磁鐵,會產生互斥的力。
電磁鐵也有 N 極和 S 極。

如果電池的方向相反,結果就會和上面的相反。

利用電磁鐵舉起重物

為了運送憑人力無法舉起的重物,
可以使用利用電磁鐵的機器。

圖示的機器叫做起重磁鐵。看起來懸掛在下方的紅色部分,就是電磁鐵。這個電磁鐵的力量非常強大,據說重達10000 公斤(10 噸)的鐵板,它都能舉起來。

被舉起的鐵板會使用連接在上面的起重機,被搬運到其他地方。因為只是吸附而已,並沒有繩索綁住固定,要卸下的時候,只要切斷電流即可,很方便。

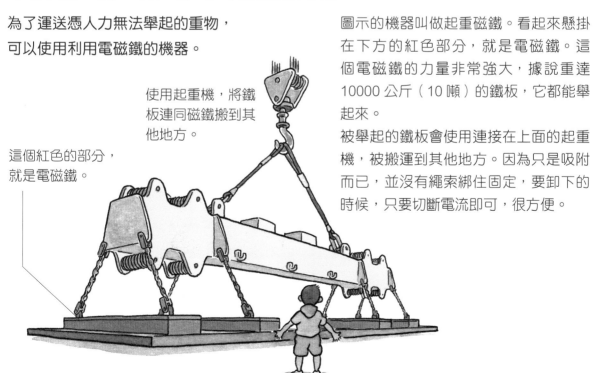

使用起重機,將鐵板連同磁鐵搬到其他地方。

這個紅色的部分,就是電磁鐵。

生活周遭的馬達

馬達是使用磁鐵的磁力，獲得「轉動力量」的工具。

我們的生活周遭有許多使用馬達驅動的機器。

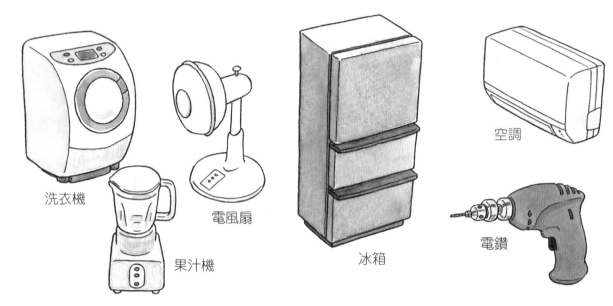

洗衣機

電風扇

果汁機

冰箱

空調

電鑽

我們身邊也有許多利用馬達運轉的玩具。

熊布偶只要打開開關，就會跳起舞來，很有趣吧。其實這也是利用馬達驅動的。

無線遙控車

電車

馬達的運作機制

馬達使用永久磁鐵或電磁鐵，利用同樣極性的磁鐵（例如 N 極和 N 極）會互斥；

不同極性的（N 極和 S 極）則會相吸的力量來產生旋轉的動力。

馬達旋轉的運作機制

讓我們來觀察，使用一個電磁鐵的簡單馬達是如何旋轉運作的吧。

❶
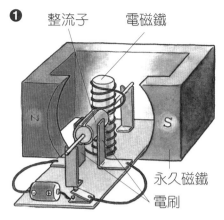
整流子　電磁鐵
永久磁鐵
電刷

❶ 在永久磁鐵之間，放置旋轉的電磁鐵。電磁鐵的轉軸上帶有整流子。電流可以通過電刷和整流子，流經電磁鐵的線圈。

❷ 是從正面看 ❶ 的圖。打開開關後，電流就會流經線圈，使電磁鐵的黃色端變成 S 極，而綠色端變成 N 極。因為與永久磁鐵相吸，電磁鐵開始逆時針方向旋轉。

❸ 因為電磁鐵開始旋轉後不會突然停下，所以會通過水平的位置，黃色端朝下、綠色端朝上轉動。

❹ 當黃色端在下方，綠色端在上方時，由於整流子與反向的電刷接觸，流經電磁鐵的電流就變成逆向。於是黃色端變成 N 極，而綠色端變成 S 極。因為和永久磁鐵相吸，電磁鐵繼續旋轉。

❷
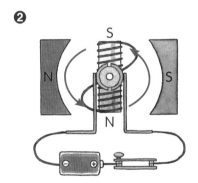

❸
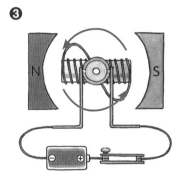

❹
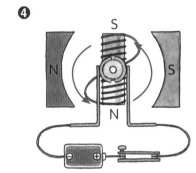

我們來分解小型馬達觀察，罩子這端安裝了兩個永久磁鐵，轉軸則安裝了三個電磁鐵，並附有具備開關功能的「整流子」和「電刷」。

電磁鐵
轉軸
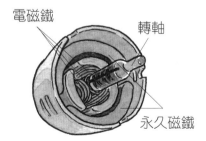
永久磁鐵

整流子
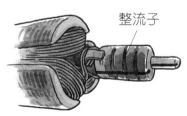

電刷
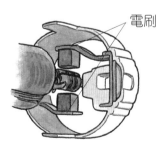

在軸上安裝重物

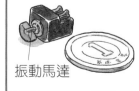
振動馬達

在轉軸裝上平衡不良的重物，電磁鐵旋轉時，會產生振動。例如左頁頁面中跳舞的熊布偶，用的就是這種裝了重物的馬達。此外，手機的靜音模式，也是裝了重物的小型振動馬達（如左圖所示）在運轉，用振動代替聲音通知來電。振動馬達比一元硬幣還小。

來打造發電機吧！

家庭或工廠等場所使用的電力，一般是由配備大型發電機的發電廠製造，經過電線運送而來的。如果這個發電機非常小，那我們自己就能製造了。

挑戰「人力發電」

其實發電並不難。
實驗很簡單，你也來試試看吧。

準備的物品
● 塑膠圓筒或針筒
● 漆包線和小燈泡
● 兩個橡皮塞
● 磁棒

❶ 在圓筒的周圍纏上漆包線製作線圈，末端連接小燈泡。

❷ 在圓筒中放進磁棒，用橡皮塞封住兩端。

完成後，試著搖晃圓筒，讓磁棒在線圈的管道中來回移動。

小燈泡亮起來就大功告成了！

只不過，小燈泡只會在圓筒被搖晃的時候發光。

在線圈的附近移動永久磁鐵，就會產生電（電流）。產生的電可以讓小燈泡發光，或是驅動馬達。

用馬達發電

馬達要用電才會運轉，那麼可以反過來用馬達發電嗎？

❶ 準備兩個馬達，用橡膠管分別連接兩個馬達的軸。
❷ 其中一個馬達連接小燈泡，另一個馬達連接乾電池。

接上電池的馬達運轉時，會讓另一個馬達的軸也轉起來。這時另一個馬達上面的磁鐵就會產生電力，讓與之連接的小燈泡亮起來。

思考各種發電機

發電機能把運動的能量轉換為電能。如果能成功轉換，或許會產出有趣的發電機。

利用按壓電腦鍵盤時的力量製成的發電機

有可能利用浴缸剩下的熱水製成發電機嗎？

利用倉鼠在滾輪中跑步的力量製成的發電機

第6章

能量

能量是指各種作用力所隱藏的能力。例如電能、熱能等各種不同的能量。有關力與運動的能量是「動能」和「位能」。物理學所謂的「功」，指的是對物體施加力，並沿著力的方向移動，而「作功」需要能量。

把物品搬到高處

哥哥拿著 10 公斤的貨物，爬樓梯搬到 6m 高的地方；而我拿著 2 公斤的貨物，爬上同樣高度的樓梯。哪一個人的作功比較多呢？

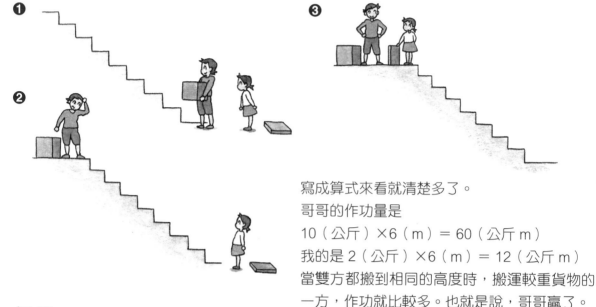

寫成算式來看就清楚多了。
哥哥的作功量是
10（公斤）×6（m）＝ 60（公斤 m）
我的是 2（公斤）×6（m）＝ 12（公斤 m）
當雙方都搬到相同的高度時，搬運較重貨物的一方，作功就比較多。也就是說，哥哥贏了。

但是……

我也不想輸。我決定再多努力一下。我把 10 公斤的貨物分成每個 2 公斤，分 5 次搬上去。

哥哥的作功量是 10（公斤）×6（m）＝ 60（公斤 m）
我的是 2 公斤分 5 次搬運，所以是合計 10 公斤。
寫成算式就是 2（公斤）×5（次）＝ 10（公斤）、10（公斤）×6（m）＝ 60（公斤 m）
啊，和哥哥一樣！這樣就算平手了。

功

物理學的「功」，指的是在物體上施加力，讓物體沿著作用力的方向移動。用公式來表示，就是「力 × 沿著力的方向移動的距離」。
以垂直方向抬升的時候，則是「抬升的重量 × 抬升的高度」。

水平移動物體

在冰上推動石壺，石壺會滑得非常遠。

這時只有在石壺加速的過程中施加推力才能產生作用力。換句話說，只在這期間才有作功。石壺在冰上滑行時沒有施加力量，所以並未作功。

→ 只在這期間才有作功。

用手推車載運物品，手推之後放開，物品就會被手推車載到遠處。

這時也一樣，作功的時間，只有一開始推動手推車時，手推的短暫時間。之後手推車只是因為慣性定律持續移動。換句話說，手推車持續前進時並未作功。

→ 只在這期間才有作功。

上述兩種狀況並未把「摩擦」納入考量。實際上因為有摩擦的抗力，移動中的物體也會在中途停下來。因此讓我們來想一想摩擦力很大的「路」吧。所謂持續推動物體，指的是反抗摩擦力，持續施加力量，也就是作功的意思。只不過，我們很難知道這個摩擦力的大小。作功量無法輕易計算出來。

「功」的測驗

問題1：拿著貨物一直站著很累對吧。那麼，這樣有作功嗎？

答案：因為貨物並未移動，作功是 0。即使你拿著貨物水平移動，也只有你自己在移動而已，因為貨物並未被施加水平方向移動的力，作功也還是 0。

問題2：用拖把擦地板的時候，力的方向和拖把的移動方向不同，這樣怎麼算呢？

答案：我們可以把此情況的作用力分成水平方向和垂直方向，只有水平方向作用力的部分作功。

斜向的作用力，可以分成水平方向和垂直方向的兩個力。

什麼是能量？

所謂的「能量」，是指用來作功的「根源」。
物體所能作的功，不能超過其所擁有的「能量」。

發現能量

能量沒辦法用肉眼看見。但是，透過這樣的實驗，我們可以知道這裡具有能量。

例如打彈珠。被彈
的彈珠會滑行和撞
擊其他的彈珠，再
彈飛出去。這時的
彈珠具有能量。像
這顆彈珠一樣，
「移動」的物體所
具有的能量，就稱
為「動能」。

用力彈彈珠後，被撞到的彈珠會被彈飛很遠。

這次試著在坡道上放一顆足球。手一放開，球
就會滾下坡道。即使不施加力也會滾動，這
代表位於高處的球也具有能量。像這樣和某個
「位置」有關的能量，就稱為「位能」。

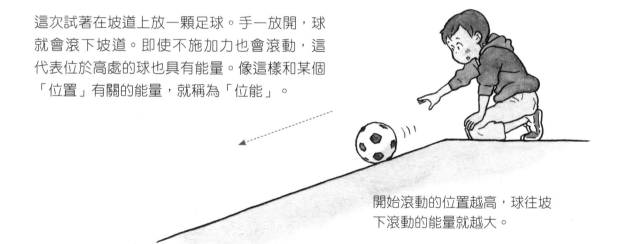

開始滾動的位置越高，球往坡
下滾動的能量就越大。

力學能

能量分為「動能」和「位能」等不同種類。移動
中的物體具備這兩者的能量；而靜止的物體只有
「位能」。物體所具有的這兩種能量的總和，稱為「力學能」。

動能與位能

這兩種能量的特徵統整如下所示。

動能

移動中的物體,無論什麼物體都具有動能。其關係統整如下:

● 快速移動的物體,比緩慢移動的物體具有更多動能

● 重物移動時,比輕物具有更多動能

試著想一想玩具車撞到球的情況吧。

撞得越大力,球就會滾得越快、越遠。
這是因為玩具車帶來大量的動能。

位能

高度和位能的關係如下:

● 重量相同時,位於高處的物體比位於低處的物體具有更大的位能

● 高度相同時,重物比輕物具有更大的位能

球往下掉落並彈跳起來,這表示位能轉換為動能。
位能要轉換成動能才能發揮力量。

熱能、電能、光能的「變身」

熱、電、光都能「變身」成動能。也就是說，我們可以利用它們驅動物體。

熱能的「變身」

蒸汽火車頭用燃燒煤炭之類的物質產生熱，讓水沸騰生成蒸氣，再利用此蒸氣牽引沉重的客車或貨車。這表示熱能轉化為動能。

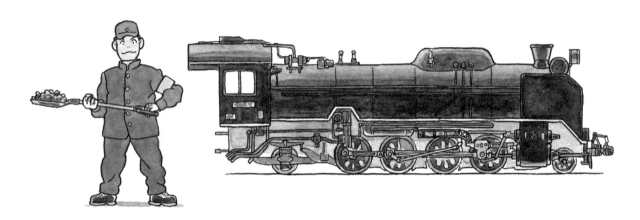

電能的「變身」

使用馬達可以用電力驅動物體。在這裡，電能轉化為動能。

即使有馬達，如果沒有電力流通，也無法驅動物體。

改變形態的能量

除了動能和位能這些「力學能」，熱、電、光等也是一種能量。使用這些能量同樣可以驅動物體。換句話說，改變形態轉為動能，就能發揮出與以往不同的力量。

能量是可以改變形態的。

光能的「變身」

光能也可以轉變為動能。

光的不同強度，日光燈、鎢絲燈等不同光源會影響旋轉的速度。

輻射計是一種把光能轉為動能，用來展示光能運行的裝置。仔細觀察葉片，會發現有一面是銀色的，而另一面則是黑色。當光線照射到葉片時，黑色的那面較容易吸收光，溫度就會升高少許。於是周圍的空氣也被加熱而產生對流。這股空氣的流動形成了旋轉葉片的力量。

太陽能車會把陽光轉換成電能驅動馬達。

動能也會改變形態

和之前看過的例子相反，有時候動能也會改變形態，轉換為熱能或電能。

● 從動能轉換為熱能

我們在寒冷的時候會搓手，這時搓過的地方就會變暖。這是因為手的動能會給予搓過的地方熱能。

● 從動能轉換為電能、光能

轉動附帶發電機功能的手電筒把手，小燈泡就會亮起來。
它的機制是，首先用把手的動能製造電能，再把這個電能用小燈泡轉換為光能。

總體大小不變

在上一頁我們已經看到所有能量都可以「變身」成其他種類的能量。
這就是「改變形態」，此現象所涉及的能量大小本身並不會改變。

用於做料理等場合的電爐，
是把電能轉換為熱能加熱食
物。玩具車上安裝的馬達，
則把來自乾電池的電能轉換
為動能，驅動車子奔馳。
驅動火車頭的蒸汽機，還有
高速飛行的噴射機，都是把
其他形態的能量轉換為動能
運作。此時原本的能量與
「變身」後的能量，大小是
一樣的。

而且……

**原本的能量並非全都會「變身」成
同一種能量**

我們知道裝了馬達的玩具如果玩很久，
馬達就會變熱。這表示馬達帶來的電
能，除了轉變為驅動玩具的動能，還有
部分轉變成了熱能。
動能和熱能的總和，會和一開始馬達帶
來的動能相等。

能量守恆定律

足球選手踢球，是選手把擁有的能量給了球。球會使用選手帶來的能量飛很遠。

此時選手給予球的能量大小，和球得到的能量大小相同。這個現象就稱為「能量

守恆定律（能量守恆律）」。只不過……

能量會消失嗎？

讓我們用位能與動能的關係來看能量的「變身」吧。

如下圖所示，試著想一想自行車下坡的狀況就好懂多了。

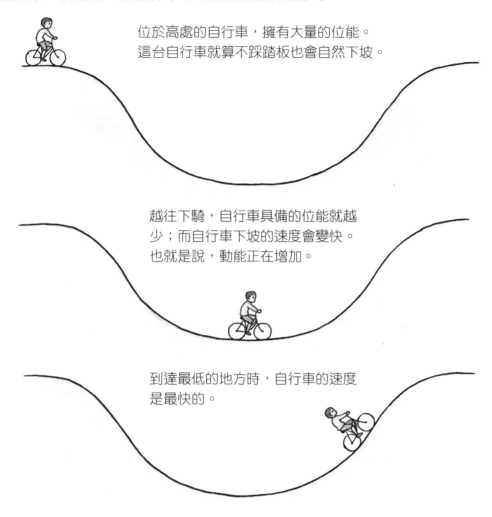

位於高處的自行車，擁有大量的位能。
這台自行車就算不踩踏板也會自然下坡。

越往下騎，自行車具備的位能就越少；而自行車下坡的速度會變快。
也就是說，動能正在增加。

到達最低的地方時，自行車的速度是最快的。

之後自行車會爬上坡道，就算不踩踏板也會前進。

隨著爬上坡道，增加的則是位能。爬得越高，速度越慢。這是因為動能在逐漸減少。在爬到某個高度時，自行車會停下來。它無法爬到和原來高度一樣的地方。

奇怪，有部分能量消失了嗎？

並非如此。其實這是因為自行車和道路之間產生的「摩擦」，以及自行車和空氣的「摩擦」造成的。也就是部分動能因為「摩擦」轉成了熱能。

如果自行車奔馳時使用的動能，加上轉換成熱能的部分，下坡和上坡的能量大小是相等的。

➲ 關於「摩擦」的詳細說明，請見第 20 頁。第 22 頁和 146 頁也有關於摩擦的說明。

設法減少摩擦

改變材質

比起在柔軟的地板上，球在堅硬的地板上所受的摩擦力較小；相對於凹凸不平的地板，平滑的地板讓球受到的摩擦力也比較小。而就滾球的材質來說，鐵球也比橡皮球所受的摩擦力更小。
當摩擦力減小時，也會減少以熱能形式流失的能量。

改變形狀

球形的物體比圓筒形接觸地面的面積小，因此受到的摩擦力也變小了。

使用軸承

自行車的車輪軸處，安裝了軸承。使用軸承可以減少軸和車輪之間產生的摩擦力。

 關於「軸承」，請見第 23 頁。

節約能量

減小摩擦或減輕重量，可以減少運作所需的能量。減少熱能或光能的流失，與有效使用能量息息相關。現代的機器或工具，為了有效率的利用能量，做了各式各樣的精心設計。

設法減輕

例如減輕電車的重量，就能減少用來產出相同速度的能量。這也是節約能量的份內之事。我們可以透過使用輕的金屬、精心設計構造等方法來減輕車廂的重量。

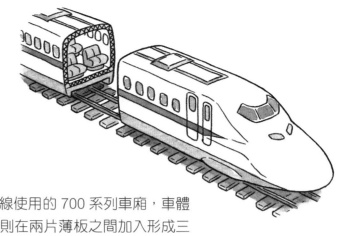

東海道新幹線和山陽新幹線使用的 700 系列車廂，車體使用比鐵還輕的鋁，牆壁則在兩片薄板之間加入形成三角形的板子。這麼做可以讓車身更輕又更堅固。

從鎢絲燈到 LED 燈

直到不久以前，大部分家庭使用的是鎢絲燈，鎢絲燈長時間使用後會變得非常熱；而最近越來越多人使用的 LED（發光二極體）燈泡，即使長時間使用，溫度也不太會升高。

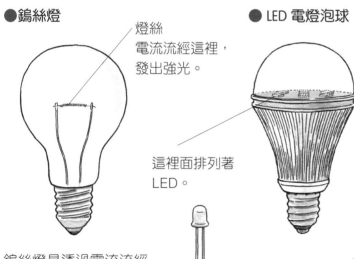

●鎢絲燈

燈絲
電流流經這裡，發出強光。

● LED 電燈泡球

這裡面排列著 LED。

LED 獲得的電能會高效地轉換成光。這種光幾乎不帶具有傳熱作用的紅外線，因此即使長時間使用，也不會像鎢絲燈一樣變熱。（只不過，電路的部分仍會產生熱量。為了散熱，電燈泡的下方會設計得凹凸不平，增加表面積來散熱；材料會使用鋁。）

鎢絲燈是透過電流流經玻璃球中央附近的鎢絲，用高溫加熱鎢絲而發光的。這個運作機制很簡單但效率很低，會花費過多的電費。

LED
（發光二極體）

LED 的燈光照在輻射計上，輻射計不會轉動。因為 LED 的燈光並不會產生熱，就也不會加熱輻射計的葉片。

第7章

比較交通工具

人類了解力的作用並發展技術，發明了運用於陸上、海上、空中，各有不同特徵的交通工具。例如在廣闊的海洋上，有載運大量貨物的船；在空中，則有速度飛快的噴射機；在陸地上，有利用運轉馬達產出力驅動的電車、以引擎的力驅動的汽車，還有用人力驅動的自行車等等。我們可以自由選擇符合各種目的的交通工具。

最快的交通工具是？

時速（km/h）	0	10	100
國際太空站			
噴射客機			
新幹線			300km/h
汽車		100km/h	
輪船		40km/h	
自行車		15km/h	

國際太空站

國際太空站會飛到地球上空約 400km、沒有空氣的地方。因為不需要考慮空氣的阻力，即使外表凹凸不平也沒問題。繞行地球一圈的時間只需 90 分鐘左右。

噴射客機

噴射客機會飛到約一萬公尺的高空。這裡的空氣壓力是地面的四分之一左右，空氣的阻力比地面小。此外，整架飛機是流線型的設計，盡可能降低空氣阻力。

新幹線

以約 300km 的時速在鐵軌上疾駛。因為充分考慮到跑得越快空氣阻力就越大，為了減少阻力，新幹線的最前頭設計成細長形。當新幹線離開狹窄的隧道時，會發出巨大的聲響，感覺簡直像大吵一架一樣。這是空氣被硬塞進狹窄的地方，而新幹線高速行駛撞擊空氣造成的。

比較速度

速度是計算並求出移動某段距離花了多少時間（速度＝移動的距離 ÷ 所花的時間）。例如用自行車跑到距離 30km 的地方，花了 2 小時，每小時前進的距離是 15km，因此速度就是時速 15km（15km/h，公里每小時）。「/h」的意思是每小時。要表示每 1 秒前進幾 m 的時候，例如 10m 就寫為「10m/s（公尺每秒）」。「/s」就是每一秒的意思。

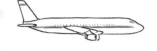

1000 10000

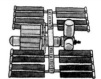

30000km/h

1000km/h

空氣的阻力

雖然走路的時候，幾乎感覺不到空氣的阻力，但騎自行車加速時，會有破風奔馳的感覺。這時空氣阻力就相當有感了。

汽車和新幹線這類交通工具也一樣，跑得越快，空氣的阻力就越大。為了提升速度，如何抑制這種阻力就顯得很重要。為了盡量不受空氣阻力影響，交通工具的外型都會經過精心設計。而火箭一旦進入太空，就無須再考慮空氣阻力。火箭在太空中不斷加速，飛行速度可以快到噴射客機的 30 倍。

汽車

在高速公路之類寬闊且設備完善的道路上，汽車可以用 100km 的時速奔馳。如果在凹凸不平的道路上，為了安全，汽車只能慢慢跑了。只要有汽車能通行的道路，不管目的地在哪裡，汽車都能抵達。

輪船

輪船的速度比奔馳在地面的交通工具慢。即使想快速前進，也會因為水的阻力而難以加速。

自行車

比起走路的速度，自行車的可以快上好幾倍。破風奔馳的感覺很舒服。自行車不像汽車或飛機使用引擎，對環境也很友善。

地球也是大型交通工具

我們也可以把地球想成是宇宙中的交通工具。地球以南北極為中軸，每天轉一圈（自轉）。在赤道附近計算出的速度是，以 1600km 的時速向東轉動。而且，地球會花約一年時間繞行太陽一圈（稱為公轉）。這個速度是時速 11 萬 km。

比一比交通工具的重量

大型遊輪客船	220000	※ 單位為噸
新幹線（16 輛編組列車）	700	
大型噴射客機	540	
通勤電車（10 輛編組列車）	250	
汽車	1.5	
機車	0.2	
自行車	0.02	

大型郵輪客船

有車輪的陸地交通工具，重量只會由接觸地面的輪胎部分承受，但船的重量則由整個船底承受，因此重量被分散了。而且，水有浮力。浮力會和重力互相平衡，所以感覺不到重量，甚至有重達 50 萬噸以上的油輪。但是，船太大的話就會很難建造。最重要的是，太大的船無法通過狹窄的海峽，也無法突然改變方向或停下來。美國的大型郵輪「海洋綠洲號」重達 22 萬噸，長達 360 米。

比較重量

所謂的重量，指的是「物體承受的重力大小」。1 公斤的 1000 倍是 1 噸（t）。重型交通工具的代表是大型船隻，有重達 20 萬噸（200000000 公斤）的船。輕型交通工具的代表則是自行車，它的重量只有 0.02 噸（20 公斤）。

 關於「重力」，請見第 24 到 27 頁；關於「作用於船隻的浮力」，請見第 76 頁。

大型噴射客機

空機約 280 噸，載了人或貨物的時候，則重約 540 噸。雖然如此沉重，卻能飛上天空。飛行時的飛機，機翼產生的向上力量（升力）和下降的力量（重力）大小相等且保持平衡。因此飛機可以毫不費力地飛行。每次看都讓人覺得不可思議，飛機能飛真的很了不起。

➡ 關於大型飛機能飛在空中的運作機制，請見第 64 頁。

陸上交通工具

在陸地上奔馳的交通工具都有車輪。

車輪有兩個作用，一個是用小的力量驅動車體（減少摩擦力的作用），另一個是支撐交通工具本身的重量。只不過，一個車輪能夠支撐的重量並不大。因此無法造出像船那麼重的陸上交通工具。

新幹線和通勤電車在軌道上奔馳；卡車和小客車則跑在馬路上。如果火車跑在馬路上，火車的所有重量就會施加在既硬又細的車輪上，馬路會承受不了。

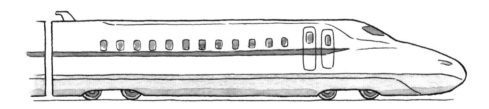

跑在馬路上的汽車，比起只能跑在鐵路的火車，或是只能跑在水上的船自由多了。汽車可以自由去想去的地方。輕盈的自行車也很自由，可以進入汽車進不去的狹窄道路。自行車是靠人力移動的，所以最好輕一點。

除了自行車以外，交通工具都配備引擎。要驅動又大又重的交通工具，需要有能夠產出巨大力量的引擎。

➡ 關於引擎的構造與運作機制，請見第 112 頁到 121 頁。

比一比功率的大小

驅動交通工具，如果用的是電力，就需要馬達；如果用的是燃料，則需要汽油引擎或柴油引擎。讓我們來比一比，各種交通工具使用的這些設備在每單位時間內，能夠作功多少，比比看它們的「功率」吧。

交通工具	功率	
大型船的柴油引擎	60000	※ 單位為 kW
新幹線（16 輛編組列車）	18000	
電力火車頭	6000	
中型船的柴油引擎	440 ～ 5700	
特別快的汽車	736	
街上常見的一般小客車	100 ～ 300	
小型客車	70 ～ 90	
重型機車	75	
速克達	4	
自行車	0.2	

比較功率

雖然容易混淆，但「功率（Power）」和「力」有點不一樣。所謂的功率，指的是能量轉換或使用的速率，也就是物體在單位時間內所做的功。單位是 W（瓦），1000 倍就是 kW（千瓦）。1W 代表每秒以 1N 的力移動 1m 的功。在電力的領域，Power 稱為「電力」。從用馬工作的古代開始，就有名為「馬力」的單位，這也是 Power，1000 馬力＝ 736kW。當我們查看汽車或電器商品目錄時，就會遇到標示 kW 的數字。

船隻搭載了引擎。這個引擎產生的力量會驅動船隻。即使搭載了又重又大的引擎，有浮力的作用就沒問題。因此它可以輸出大功率，載運許多貨物和乘客。

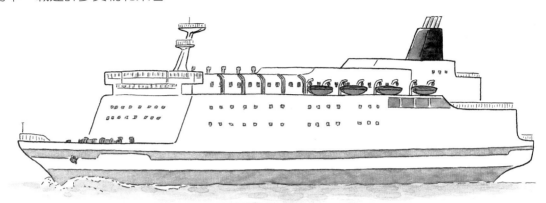

一般的小客車使用汽油引擎驅動；卡車則大部分使用柴油引擎。這些交通工具的功率大小取決於它們搭載的引擎或馬達。

飛機不用功率做比較，比較的是「推力」，往前進的力。
大型噴射客機　　　　　　　　　30000 公斤 ×4（＝ 1180kN）
初期（50 年前）的噴射客機　　　8600 公斤 ×4（＝ 337kN）

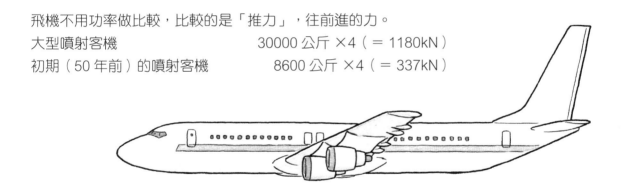

這裡出現的公斤是用重量表示力，意思是搭載 4 個噴射引擎出的力相當於幾公斤的重量。
力的單位為「N（牛頓）」，如果速度約為每秒 300m，換算成功率的話，大型噴射客機的功率為 354000W。

汽車的引擎或馬達，因為功率值如左頁的表格所示而固定不變，所以交通工具的速度增加，力就會變小。然而，噴射引擎則會在加速時也增加吸進的空氣，推力不會降低。速度越快，功率越大。因此，噴射機的功率標示並非變化值，而以幾乎不變的推力來表示。
或許你會認為對噴射引擎來說，因為噴射機以相同的速度前進，只有「慣性定律」會起作用，其他的力可能不起作用，但是速度加快時，空氣的阻力就會非常大。推力是抵抗這個空氣阻力並持續飛行所需的力量。

➜ 關於「重力」，請見第 24 頁；關於引擎的構造與運作機制，請見第 112 頁到 121 頁。

關於力與運動──給家長、老師的話

　　「力」這個詞彙，除了有物理意義以外，還會使用在各種場合。那麼，物理意義上的「力」是什麼意思呢？即使我們稍微有一點概念，但如果孩子問「力是什麼？」，我們能不能正確說明呢？

　　「力」是一個肉眼無法看見的抽象概念，在現實中卻是物體運動時最基本的概念。了解「力」的科學知識非常重要，可以說「力」是現代文明的基礎也不為過。

　　雖然肉眼看不見「力」，卻能感受到它的確實存在。本書以淺顯易懂的方式說明「力」，引發孩子對「力」的好奇心，培養他們思考和探究的精神。本書幾乎沒有使用針對成人解說的數學公式。

　　同時，這本書的編寫，是為了讓大人也能一起閱讀。希望大人和孩子能夠共同分享有關「力」的各種感受和經驗。本文會以針對成年人的撰文方式，附上簡單的公式，說明有關「力與運動」的核心內容。似乎有不少人看到數學公式會害怕，但相反，應該也有很多人不只是透過文字敘述理解，而是透過公式才能更深刻理解。

力學的誕生

　　「力學」誕生於十七世紀後半期，它是用來闡明物體受到力的作用、物體運動的學問。具體來說，艾薩克・牛頓的「運動三大定律」和「萬有引力定律」是力學的出發點。「力學」的基礎可以說是由牛頓（1642 ─ 1727 ＊）建立的。

　　「力」的科學探討，從研究各種「運動」開始，再發展出現代的科學技術。

　　力學並非牛頓一個人創造的。有一位學者對牛頓的研究產生很大的影響。那就是最先進行物體運動的實驗並思考的人──義大利人伽利略・伽利萊（1564 ─ 1642 ＊＊）。

　　當伽利略在比薩城的教堂時，他看著懸掛在天花板上晃動的吊燈，並用自己的脈搏測量

＊以儒略曆爲基準　　　　　　　　　　＊＊以格里曆爲基準

吊燈的晃動週期。他發現即使搖晃變小，週期仍然不變。回家後他進行正確實驗的故事，在「探究物體運動的伽利略」（P.28）當中有詳細介紹。

伽利略透過改變繩子的長度和重量，實驗並觀察單擺的擺動，發現了一定的規律性。藉由觀測物體的運動，發現物體運動的規律性。開始用這個科學方法的人，伽利略是第一個。

他也進行過實驗，從比薩斜塔把球丟下，證明了又重又大的球和又輕又小的球都會同時抵達地面。這個著名的故事，或許是由後人編造的，但這與吊燈的故事，都是我們在童年時經常聽到的。

伽利略把球丟下，試圖盡可能精確地測量球落下的速度。可是，球的落下速度太快，無法精確測量，因此他在有溝槽的斜坡滾下金屬球，再以固定的時間間隔，觀測球落下的距離。例如，在第 1 秒時落下 1m，在第 2 秒是 3m，在第 3 秒是 5m，接著是 7m……就這樣，他發現球每秒移動的距離會增加（在這個例子裡，速度每秒會增加 2m）。也就是說，球以每秒 2m 的等比例「加速」。這就是最早證明等加速度運動（速度以固定比例增加的運動）的實驗，是運動科學的重要一步。

斜面的坡度越陡，球每秒的移動距離就越大。但無論是重球還是輕球，都會獲得相同的等加速度，伽利略認為這個規律性在垂直自由落體的情況下也必定存在。

他在書中寫了以下內容：

「當一艘大船以穩定的速度，在平靜的海上前進時，從船的高聳桅杆上丟下球，從船上看來，球是掉在正下方。可是，從陸地上來看，由於船隻前進的速度，球看起來像是往橫向扔出的。」「讓魚在船上的水槽中游泳，魚就和放在陸地上的水槽裡一樣。魚感覺不到船正在移動。同樣的道理，即使地球正在自轉，我們仍然覺得大地是靜止的。」

本書在「搭乘交通工具的感覺」（P.94）中說明了這個道理。

伽利略還製造了望遠鏡，觀測月球上的隕石坑。他也發現了木星周圍有衛星繞行。在此之前，地球、太陽、行星、星星的天空是不同的世界，沒有人用望遠鏡觀察過天空。

從伽利略第一次用望遠鏡觀測星星至今，已過了 400 多年的時間。

和伽利略同時代的人當中，有一位德國天文學家名叫約翰尼斯‧克卜勒（Johannes Kepler，1571 — 1630）。他是丹麥天文學家第谷‧布拉赫（Tycho Brahe，1546 — 1601）的助手。他以繼承自布拉赫的大量觀測數據為基礎，詳細研究行星的運行。然後，他發現了三個定律，說明了行星如何繞行太陽：❶ 所有行星繞行太陽的軌道都是橢圓形，而太陽位於橢圓的一個焦點 ❷ 行星的運動速度，在接近太陽的軌道上較快；在遠離太陽的軌道上較慢 ❸ 行星公轉週期的二次方，正比於距離太陽的平均距離的三次方。

在伽利略去世約一年後，牛頓出生了。他 18 歲進入劍橋大學三一學院，學習數學、伽利略的運動研究，以及克卜勒發現的行星運動定律等等知識。1665 年大學畢業後，為了躲避英國城市流行的鼠疫，牛頓長期待在母親的農場。有一天，據說他看到「蘋果從蘋果樹上掉下來」，開始思考作用在蘋果上的「力」。

牛頓待在這座農場的 18 個月期間，得到了一生中有關數學和物理學的最多靈感。正因為有許多寶貴的時間讓他沉思有關「力」的事情，蘋果掉下來才會成為發展想法的契機吧。

牛頓在數學方面的研究獲得認可，等到鼠疫平息，他就回到劍橋大學，擔任數學教授。他在這裡提出了，從位置的變化表示速度和加速度的微分，以及根據速度算出移動距離的積分。成功以數學公式表示運動。

他繼續發展在母親農場期間得到的靈感，在 42 歲時開始把過去的研究寫成書，書名為《自然哲學的數學原理》。

在「發現萬有引力的牛頓」（P.26）

中有一張圖，從高山上以水平方向發射大型大炮，炮彈會環繞地球一圈。牛頓認為，月球繞轉地球，可能也會發生像炮彈一樣的現象。

　　當物體以相同速度沿著圓形運動時，物體前進的方向並非直線向前，而是不斷向內傾斜。這代表速度的方向會逐漸朝向繞行圓形的圓心。即使速度的大小不變，速度的方向卻會變化。速度的變化不斷朝向圓形中心。

　　牛頓認為，質量乘以速度變化的值就是「力」。假設這個圓形是地球，「力」會不斷朝地球的中心發生作用。這就是地球的引力，也就是重力。計算炮彈被打出、繞一圈回來所需的時間是 84 分鐘。

　　直到今天，我們簡單計算人造衛星的運行週期和高度的關係時，仍然使用相同的方法。來嘗試計算一下吧。

　　假設繞行地球的人造衛星距離地面 100km，則繞一圈所需的時間為 86 分鐘；如果距離地面 1000km，則所需時間為 105 分鐘。如果距離地面 35786km，則需 1436 分鐘，相當於一天的長度（1440 分鐘）。

　　35786km 是地球同步衛星飛行的高度。國際太空站繞行地球的高度為 400km，但即使是這個高度，也只比地球半徑長了 6%左右。

　　如果用相同的方法來計算月球繞地球的週期，則結果約為 28 天。牛頓把這種方法應用於繞太陽運轉的行星運動，並成功地說明了「克卜勒三大定律」。

　　牛頓的運動方程式是，只要知道作用於有質量的物體上的力，就可以知道它的加速度。還有，套用出發時的初速度和位置再求解，就能知道物體之後的運動。

　　牛頓的思想被活用在各個領域，例如汽車、電車、船、飛機等交通工具的設計；太空火箭的設計；航道，以及瓦斯的設計等等。在體育運動方面，也被用來研究「力」、身體動作，以及運動器材和用具運作的關係。

　　如上所述，「力學」是用來理解自然的基本事項。

在「力學」中出現的重要項目

　　從物體的運動來探索「力」的力學，以牛頓的「運動三大定律」和「萬有引力定律」為出發點。

運動三大定律

　　牛頓把「力」相關的運動定律歸納為三條。第一定律是「慣性定律」，第二定律是「運動定律」，第三定律則稱為「作用力與反作用力定律」（本書第一章的前三節中，以第二定律、第一定律、第三定律的順序說明）。

　　第一定律「慣性定律（P.16）」，是不受力作用的靜止物體，或等速直線運動的物體，會保持靜止狀態或等速直線運動狀態。

　　第二定律「運動定律（P.14）」則是計算物體的運動時，非常重要的定律。若以公式表示，則為：

　　力＝質量 × 加速度。

　　這稱為「運動方程式」，把力以 F、質量以 m、加速度以 a 來表示，則為：

　　$F = ma$

　　這個公式經常出現在高中的教科書等地方。

　　這個式子表示「當物體被施加『力』時，它不會做等速度運動，而是做加速度運動」。物體的加速度與該物體上的施力成正比，與物體的質量成反比。

　　加速度會在短時間內速度變化時發生，會加速或減速。在這個速度在極短時間內的變化率，就是加速度 a。

　　讓我們用運動方程式來想一想，伽利略知名的落體實驗吧。

　　在伽利略的時代，舉起重物需要很大的力量，而這個重量是可以測量的。測出的重量可以用質量 m 來表示，也就是 m× 常數。實驗中的重球和輕球會同時落下，把牛頓的運動方程式 F=ma 應用於這個落體運動，文字記號使用（重）和（輕）加以區別。

兩個運動方程式為 F（重）＝ m（重）× a（重）和 F（輕）＝ m（輕）× a（輕）。比較牛頓的公式和重量的公式，重量＝ m× 常數，則 a ＝常數，若把 a 換成重力加速度 g，則結果為 F（重）＝ m（重）× g 和 F（輕）＝ m（輕）× g。伽利略的實驗意義，用牛頓的公式來看很清楚。

運動方程式用於當某種運動現象發生時，思考物體受到怎樣的作用力。例如，投球時會施加力量直到投的瞬間，但球在飛行的期間，對球發生作用的力只有重力。如果忽略空氣阻力，此時的運動方程式會用到的力只有重力的 mg。

由於「力」取決於其大小和方向，因此運動方程式可以分成水平方向和垂直方向的兩個式子。

因為重力只會向下，所以垂直方向的運動方程式中有「力」發生作用；而水平方向只有等速運動，沒有「力」發生作用。分別計算後再合併。

從哪個位置、用什麼速度、從哪時開始移動，如果知道這些初期條件，則可以透過這個公式，求出球如何飛行，以及會到達哪裡。

第三定律「作用力與反作用力定律（P.18）」，是當一個物體推壓另一個物體時，被推壓的物體會以相反方向、相同大小的「力」反推推過來的物體。這個定律一定要有對象。

萬有引力定律

「萬有引力定律」是指「所有的物體與物體之間有引力作用，其大小和兩個物體的質量乘積成正比，與物體間的距離平方成反比」。

若以公式來表示上述的意思，則為：

$$萬有引力＝萬有引力常數 \times \frac{物體 1 的質量 \times 物體 2 的質量}{（兩物體間的距離）^2}$$

「萬有引力常數」是計算萬有引力的作用力大小時，所使用的常數（常數是數值保持不變的物理量。例如，光在真空中前進的速度是每秒約 30 萬 km，這個速度無論在地球上還是在宇宙中都不變）之一，為 6.67259×10^{-11}（N・m^2/kg^2）

因為它極小，即使你我互相靠近，我們也感受不到兩人之間作用的引力。

假設「物體1」是地球，而「物體2」是你自己。套入公式後，你和地球之間作用的萬有引力為「（萬有引力常數 × 地球的質量／地球半徑的平方）× 你的質量」。若計算用（）號框起來的部分，結果約 9.8(n/s²)，這個數字和被稱為「重力加速度 g」的數值一樣。因此，居住在地球上的你所受到的萬有引力就是「g× 你的質量（你的體重）」。若使用力的單位牛頓（N）來表示，則為 9.8×50 約 500N。

1N 約 100g，也就是 0.1 公斤的重力作用。理論上說，給予質量 1 公斤的物體 1m/s² 的加速度，所需的力是 1N。在地球上，當我們靠近赤道時，與地球中心的距離會略微增加，g 值會變小，因此體重會稍微減輕，但質量不變。

關於阻礙運動的「阻力」

在地表上的實際運動，必須考慮各種阻力因素，例如阻礙運動的空氣或水的「阻力」，或是物體的面與面之間的「摩擦」等等。因此，物體的運動變得更複雜，使用運動方程式也無法輕易得到解答。求不出實際數值的情況也並不罕見。因此，物理學會進行近似計算，根據需要求出接近實際的值。

例如，把紙揉成一團扔出去時，計算此力量非常複雜，但如果用球代替揉成一團的紙再丟出去，即使計算時簡化了複雜的阻力計算，也可以求得接近實際作用力的數值。

在實際計算時，可以進一步「省略」，把球想成有質量的「點」（質點）。換句話說，把球視為沒有大小的物體。如果沒有大小，就不需要考慮空氣阻力的問題。如此一來，算式就變得簡單了。「質點的力學」是探索物體運動的第一步。

而且，如果不忽略空氣阻力對球的作用，可以把阻力視為存在於重力之外的、抑制運動的「負功」，代入運動方程式中。這麼計算可以更貼近實際的力量。

衝突：瞬間作用的力量

當投手投出棒球時，球會具有被定義為「質量 × 速度」、稱為「動量」的物理量而飛出去。這表示球在運動中的「力道」，但這個詞太過模糊不清，因此在本書中還是用了「動量」這個術語。

當球撞擊捕手手套並被接住時，球會在極短時間內，受到反方向的力，使運動中的球勢急遽變化。「動量」的急遽變化發生時，球的速度為零的同時，動量也變成零。

此外，如果用球棒打擊這顆球，球的動量會改變方向，並帶著其他動量飛出去。

當物體碰撞某物時，會在非常短的時間內發生「動量的變化」。也就是說，引起變化的力只會在非常短的時間內發生作用，讓動量發生變化。若把這個作用力視為總是固定的，並寫成公式，則為：

動量的變化＝力 × 力的作用時間

在式子的右邊，作用於物體撞擊的短時間內的所有力的累積效果，稱為「衝量」。也就是「動量的變化＝衝量」。

運動方程式以

$F = m \times a$

表示，若使用衝量則表示為：

$F \times t = m \times v$

v 表示速度；t 表示時間，且 t 是力作用的極短時間。加速度 a 可以寫成 v/t 表示，

因此也可以寫成：

$F = m \times v/t$

力也可以說是動量的時間變化。那麼，如果用的是「作用力與反作用力定律」，兩個物體碰撞的前後會怎麼樣呢？仔細觀察碰撞，就會發現力在變化。在碰撞的瞬間，作用於兩個物體的力會符合「作用力與反作用力定律」。作用於兩個物體上的力，方向相反、大小相同，以整體碰撞來看，衝量、動量的變化都是零，也就是動量被保存。

發熱的力與能量

水煮開時會冒出水蒸氣，推動煮水壺的蓋子，或是讓電熱水壺發出笛聲。壓力鍋的鍋中溫度到了約 120℃時，壓力會上升至大概 1.9 大氣壓。蒸氣的力量非常大，蒸汽火車的蒸氣為 200℃，壓力達到 15 大氣壓。

其他交通工具的動力，大部分是燃燒汽油或瓦斯等燃料產生的。從蒸汽機開始，人類陸續發明了各種不同的引擎（主要是內燃機），由熱能產生強大的力，來獲得巨大能量。另一方面，還有利用靜電加速離子化氣體並噴出，以此為推力的離子引擎。這是火箭引擎的一種，與其他引擎不同的是，它不燃燒燃料，但會藉由長時間持續輸出微弱的力量，在無空氣阻力的太空中持續飛行。

本書也提到了這種與力密切相關的能量。如何獲得生活不可或缺的能量，在節約能量的同時，如何巧妙使用，這是很重要且在今後需要不斷努力的事。

電力、磁力

力也包括非萬有引力的電力和磁力等其他形式的「力」，本書介紹了孩子較熟悉的「摩擦電」（P.124）和「磁鐵」（P.126）。電力和磁力雖然不屬於力學，而屬於電磁學的領域，但是電、磁都和「力」密切相關，因此書中也稍作介紹。

磁鐵是一種可以吸引鐵的神奇石頭，在兩千年前就廣為人知。據說 12 世紀的中國人就已在航海中運用它，16 世紀時，人們知道磁鐵可以指南。

另一方面，在牛頓活躍的時代，已經有許多學者研究摩擦電。這些研究闡明了電有正電和負電兩種，同類（正和正、負和負）的電會互斥；而異類（正和負）的電則會相吸，以及電可以流通金屬的事實。人們還發明了透過摩擦生電儲存電力的電瓶，以及能夠檢測電力運作的金箔驗電器。

法國的夏爾·庫侖（Charles-Augustin de Coulomb，1736 — 1806）曾經用實驗

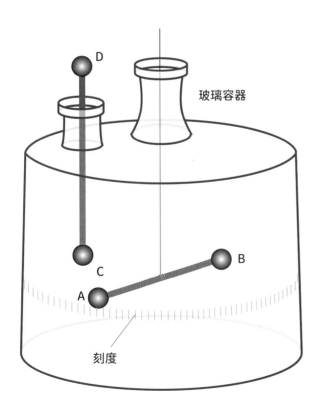

玻璃容器

刻度

測量電與電之間的作用力。

在輕量絕緣棒的兩端安裝帶靜電的球（A、B），並用細線綁在棒的中心水平吊掛，再準備一顆球（C）固定在外側，避免觸碰吊掛的球。讓 A 球和 C 球帶靜電後，把 A 球的位置移到 C 球附近，此時吊掛的 A 球，會被 C 球吸引而靠近，或是被 C 球排斥而遠離。從吊掛 A、B 球的線的扭曲程度來測量「力」，庫倫發現在電之間作用的力，與 A 球和 C 球之間的電量成正比；與距離的平方成反比。這個「力」與牛頓的「萬有引力」非常相似，但其實是完全不同又強大的「力」。

重疊兩種金屬製造的電池被發明後，就可以在導線中流通電，產生電流。

德國的蓋歐格·西蒙·歐姆（Georg Simon Ohm，1789 — 1854）實驗了所謂的「歐姆定律」，也就是電流與電阻成反比；與電壓成正比。電流可以產生磁場，電流流通磁場時會受到力的作用，弄清楚這些關係後，此原理被用來製造馬達。

1831 年，英國的麥可·法拉第（Michael Faraday，1791 — 1867）發現，當磁鐵靠近或遠離線圈時，線圈會產生電流流動的「電磁感應」現象。發電機就是應用這個原理製造出來的。

那麼，你認為「磁力」到底是什麼呢？

當電流通過時會產生磁場，並形成電磁鐵。電流是指帶電粒子流動的現象。磁力是由電流流通產生的「力」。

因此，電的「力」有兩種概念。一種是在電力停止時，庫倫定律所表示的「力」；另一種是電流流通所產生的「力」。

以微觀觀點觀察磁鐵時，會發現在製造磁鐵的物質中，排列著微小的電磁鐵，每個極小的電磁鐵都被視為產出「力」。換句話說，磁力並非與電力是完全不同的東西，我們可以把電磁力視為同一個現象的不同展現方式。

學校課程的力與運動

孩子們在學校是如何學習力與運動的呢？

理科的學習指導綱要目標是「親近自然」和「做推測並觀察、實驗等等」。108 課綱希

望以此培養孩子「解決問題的能力」和「愛護自然的心情」，並且能夠養成「對自然的事物與現象具有親身體會的理解」以及「科學性的看法和思考方式」。

理科從三年級開始學習。內容區分為物質與能量，以及生命與地球兩部分。雖說有區分，但以兒童的立場而言，並沒有什麼區分的實質意義，這是從教學的立場所做的區分。

在明白學校致力於以這樣的目標進行理科教育後，讓我們具體來看一看，國小和國中的各階段，要學習哪些「力與運動」的項目，換句話說，就是被歸類在「力學」，以及與其密切相關的項目（請參閱右頁表格）。

國小會先以身邊的體驗，例如用風或橡膠移動物體，來學習「力」。關於磁鐵，我們會進行一些實驗，例如找出能夠吸引或不能吸引的物質，藉此讓學生明白磁鐵是怎樣的物質，以及建立對磁鐵性質的概念。之後，研究單擺的運動，發現其中有規律性，並使用公式之類的來表示槓桿的規律性，也加入算術的元素，培養孩子在自然規律中思考各種定律的能力。

結語

「力」對孩子來說，是稍有困難的主題，要如何努力說明這個主題，大家進行了多次討論。結果如本書從人運動時的「力」開始談起，也提及了創造出新技術的「力」。

作者們參考了許多資料，特別是最近的火箭和離子引擎之類的資料，宇宙航空研究開發機構（JAXA）的各種資料非常有參考價值。

每位作者執筆負責的章節分別是：大井喜久夫負責第 2、3、7 章、大井操負責第 1 章、三輪廣明負責第 4、6 章，以及松浦博和負責第 5 章。經過反覆的協商、修正和調整，最終由大井喜久夫和大井操統整完成。

最後也非常感謝勞苦功高的製書空公司的編輯人員，檀上啟治先生和檀上聖子女士。

（大井喜久夫、大井操）

國小與國中「力與運動」的相關領域課程

國小	
3年級	磁鐵的磁力、磁鐵的應用、風來了、常見的交通工具、能源與生活等。
4年級	力的作用、力的大小和方向、浮力等。
5年級	物體運動的快慢等。
6年級	颱風、電磁鐵、電磁鐵的應用、力的種類、力的測量、摩擦力、槓桿、輪軸、動力的傳送等。

國中	
8年級	力與平衡、摩擦力、影響摩擦力的因素、壓力、浮力、浮力的大小等。
9年級	等加速度運動-斜面與落體運動、慣性定律、運動定律、作用力與反作用力定律、圓周運動與萬有引力、功與功率、功與動能、位能、能量守恆定律與能源、槓桿原理、轉動平衡實驗、簡單機械、靜電、板塊運動、運輸載具的介紹、磁鐵、磁力線與磁場、電流的磁效應、電磁感應、線圈內磁場變化產生電流實驗、風起雲湧、台灣的特殊天氣、能源的演進與種類、動力與機械等。

索引

知識館022

【小學生的百科事典】力學原來這麼有趣

力の事典 動きのひみつをさぐる

作　　　者　大井喜久夫、大井操、三輪廣明、松浦博和
繪　　　者　黑須高嶺
譯　　　者　陳冠貴
副 總 編 輯　陳鳳如
封 面 設 計　張天薪
內 文 排 版　李京蓉
童 書 行 銷　張惠屏・侯宜廷・林佩琪・張怡潔

出 版 發 行　采實文化事業股份有限公司
業 務 發 行　張世明・林踏欣・林坤蓉・王貞玉
國 際 版 權　施維真・劉靜茹
印 務 採 購　曾玉霞
會 計 行 政　許俽瑀・李韶婉・張婕莛
法 律 顧 問　第一國際法律事務所　余淑杏律師
電 子 信 箱　acme@acmebook.com.tw
采 實 官 網　www.acmebook.com.tw
采 實 臉 書　www.facebook.com/acmebook01
采實童書粉絲團　https://www.facebook.com/acmestory/

I S B N　978-626-349-524-1
定　　　價　450元
初 版 一 刷　2024年1月
劃 撥 帳 號　50148859
劃 撥 戶 名　采實文化事業股份有限公司
104 台北市中山區南京東路二段 95號 9樓
電話：02-2511-9798　傳真：02-2571-3298

國家圖書館出版品預行編目(CIP)資料

小學生的百科事典：力學原來這麼有趣 / 大井喜久夫, 大井操, 三輪廣明, 松浦博和作；黑須高嶺繪；陳冠貴譯. -- 初版. -- 臺北市：采實文化事業股份有限公司, 2024.01
176面；19×26公分. -- (知識館；22)
譯自：力の事典　動きのひみつをさぐる
ISBN 978-626-349-524-1(平裝)

1.CST: 力學 2.CST: 百科全書 3.CST: 兒童讀物

332　　112019212

線上讀者回函

立即掃描 QR Code 或輸入下方網址，連結采實文化線上讀者回函，未來會不定期寄送書訊、活動消息，並有機會免費參加抽獎活動。

https://bit.ly/37oKZEa

采實出版集團
ACME PUBLISHING GROUP